Cervello, natura, mente, universo: fatti interessanti e misteri irrisolti della scienza e del cosmo

Aggiornato al 2024 con le ultime scoperte scientifiche

Oliver Elliott

Indice

Introduzione

Questo è un libro che ho sognato a lungo di scrivere, non solo per condividere le straordinarie meraviglie della natura e della scienza, ma anche perché il processo mi riporta alla gioia della scoperta che provavo all'università, immerso nel mondo della letteratura scientifica. Nel profondo, nasciamo curiosi dell'universo e questa curiosità è uno dei nostri doni più grandi. Tuttavia, man mano che la vita ci trascina nella routine e nella banalità, questa curiosità naturale spesso svanisce. Le meraviglie della natura e della scienza hanno il potere di riaccenderla, di ricordarci l'affascinante universo in cui viviamo.

Il libro è diviso in otto capitoli. I primi tre capitoli rivelano animali, piante e fenomeni naturali dalle qualità straordinarie. Immaginate un uccello che si tuffa più velocemente di un aereo in fase di decollo, una pianta che si estende su un'area più grande di Washington, D.C., o un vulcano grande quanto il New Mexico: ognuno di essi è una testimonianza della sorprendente creatività della natura.

I capitoli 4 e 5 si avventurano nei misteri e nei territori inesplorati del mondo naturale e del cosmo. Dal Triangolo delle Bermuda, dove innumerevoli navi e aerei sono scomparsi senza spiegazioni, ai buchi neri che distorcono lo spazio e il tempo fino ai loro limiti, questi capitoli ci ricordano quanto poco sappiamo di fronte al vasto ignoto.

Il capitolo 6 approfondisce il mistero del cervello umano. Questo straordinario organo non è solo il dispositivo di calcolo più potente che conosciamo, capace di un quintilione (10^18) di calcoli al secondo, ma mostra anche i sintomi più sconcertanti quando qualcosa va storto. Sensazioni di arti fantasma, pazienti ciechi che possono "vedere" inconsciamente e lesioni cerebrali che convincono le persone che i loro cari sono impostori: tutto questo rivela quanto ancora abbiamo da capire sul nostro cervello.

Il capitolo 7 porta l'esplorazione del cervello un passo avanti, nel regno della mente. Tradizionalmente considerata secondaria rispetto al cervello fisico, recenti ricerche stanno scoprendo la profonda influenza della mente. Dai trucchi psicologici che favoriscono la perdita di peso, aumentano la forza, rimuovono le verruche e persino invertono l'invecchiamento, alle pratiche di meditazione che riducono i tassi di criminalità, fino a studi rigorosi che suggeriscono che l'intenzione umana può influenzare la realtà fisica, queste scoperte ci sfidano a ripensare il ruolo della mente nel plasmare il nostro mondo.

Infine, l'ultimo capitolo conclude il libro e riflette sul mio percorso personale e sulla motivazione che mi ha spinto a scrivere questo libro.

Questo libro è un viaggio nelle meraviglie e nei misteri della natura, della scienza e del cosmo. Con umiltà e cuore aperto, vi invito a unirvi a me in questa avventura.

Chapter 1

Animali da record

1.1 Le creature più veloci

Gli animali terrestri più veloci

- Il ghepardo africano (*Acinonyx jubatus*) è l'animale terrestre più veloce, raggiungendo velocità fino a 120 km/h. Può accelerare da 0 a 96 km/h in meno di tre secondi, ma può mantenere queste velocità solo per brevi distanze (circa 400 metri) prima di dover riposare.

- L'antilocapra *americana* (*Antilocapra americana*) è il secondo animale terrestre più veloce e vive in branchi nelle praterie e nei deserti del Nord America. Può raggiungere velocità fino a 89 km/h e mantenere una velocità di 64 km/h per almeno 11 km. Ha un apparato respiratorio e cardiovascolare di grandi dimensioni rispetto alle sue dimensioni corporee per sostenere la sua capacità di corsa.

- Lo springbok (*Antidorcas marsupialis*), il terzo animale terrestre più veloce, è un'antilope di taglia piccola-media che vive nelle savane aride e nelle praterie dell'Africa meridionale. Può correre fino a 88 km/h ed è noto per il suo comportamento "pronking", che consiste nel saltare fino a 3 metri in aria.

Gli uccelli più veloci (e di tutti gli animali!)

- Il falco pellegrino (*Falco peregrinus*) detiene il record di animale più veloce al mondo. È in grado di vedere la preda da un miglio di distanza e di raggiungere velocità fino a 386 km/h (più veloce di un aereo in fase di decollo!) mentre si lancia in picchiata per catturarla. I falchi pellegrini vivono e si riproducono in tutti i continenti tranne l'Antartide.

- Le aquile reali (*Aquila chrysaetos*) possono tuffarsi a velocità fino a 320 km/h per cacciare piccoli mammiferi, pesci, uccelli e rettili. Per raggiungere queste velocità, rendono il loro corpo aerodinamico ripiegando le ali e le zampe. Le aquile reali si trovano nelle regioni montuose, nelle campagne aperte e nei terreni accidentati del Nord America, dell'Europa, dell'Asia e di alcune parti del Nord Africa.

- Il rondone dal collo bianco (*Hirundapus caudacutus*) è l'uccello più veloce in volo battuto, raggiungendo velocità fino a 170 km/h. Questi rondoni catturano insetti volanti in volo con i loro becchi larghi e migrano dall'Asia centrale e dalla Siberia meridionale verso regioni più calde come l'India, il Sud-Est asiatico e l'Australia durante l'inverno.

Gli animali marini più veloci

- Il pesce vela (*Istiophorus platypterus*) è l'animale marino più veloce e il pesce più veloce, nuotando a velocità fino a 109 km/h. Il suo corpo affusolato e il becco allungato riducono al minimo la resistenza dell'acqua, mentre la pinna dorsale a forma di vela può appiattirsi per snellire la sua forma e consentirgli di muoversi rapidamente.

- Il pesce spada (*Xiphias gladius*) può raggiungere velocità fino a 97 km/h. Utilizza il suo becco simile a una spada per tagliare banchi di pesci e stordire le sue prede. Essendo cacciatori opportunisti, i pesci spada si affidano alla velocità per catturare vari pesci e calamari. Contrariamente a quanto si crede, i pesci spada adulti non perdono le squame; queste sono infatti profondamente incastrate nella pelle, conferendo loro un aspetto liscio e privo di squame.

- Il marlin blu (*Makaira nigricans*) è il terzo pesce più veloce, raggiungendo velocità di 85 km/h. Con una corporatura potente e muscolosa, supera facilmente prede come pesci più piccoli e calamari. I marlin blu non sono solo veloci, ma anche grandi, raggiungendo una lunghezza di 3,6 metri e un peso di 907 kg. Le femmine possono vivere fino a 27 anni.

L'insetto più veloce

- I tafani sono gli insetti volanti più veloci. È stato registrato che un esemplare maschio *di Hybomitra hinei wrighti*, una specie di tafano della famiglia Tabanidae, ha raggiunto una velocità di 90 mph (145 km/h) mentre inseguiva una femmina.

Umani contro animali

- Usain Bolt ha stabilito il record mondiale di 9,58 secondi nella corsa dei 100 metri nel 2009, raggiungendo una velocità massima di 44,72 km/h. Tuttavia, anche questa velocità da record colloca gli esseri umani solo tra i primi 30 mammiferi terrestri più veloci. Ciononostante, gli esseri umani eccellono nella corsa di resistenza rispetto ad altri animali, grazie alle loro lunghe membra, alla postura eretta e alla capacità di sudare.

1.2 Visione incredibile

- La migliore vista tra i mammiferi: gli esseri umani hanno una vista eccezionale tra i mammiferi, con la capacità di vedere chiaramente gli oggetti a distanza. Gli occhi umani hanno una forte percezione della profondità e possono distinguere fino a 1 milione di colori (non è incredibile?). Secondo la teoria del rilevamento dei serpenti, la nostra vista avanzata si è evoluta in parte a causa della necessità di individuare i serpenti velenosi.

- La migliore visione notturna: i gufi hanno una visione notturna straordinaria grazie all'alta densità di cellule a bastoncello nella loro retina (quasi un milione per millimetro quadrato), cinque volte superiore a quella degli esseri umani. I loro occhi sono particolarmente grandi rispetto alle dimensioni del loro corpo, il che migliora la loro capacità di vedere in condizioni di scarsa illuminazione e li rende i migliori cacciatori notturni.

- Migliore visione subacquea: gli squali hanno un'eccellente visione subacquea e possono vedere fino a 10 volte meglio degli esseri umani sott'acqua. Hanno una densa concentrazione di bastoncelli retinici e uno strato riflettente chiamato tapetum lucidum (dal latino "strato lucente") negli occhi per amplificare la luce nelle acque scure e torbide.

- Campo visivo più ampio: i camaleonti possono ruotare gli occhi in modo indipendente per avere un campo visivo di quasi 360°, 90° in verticale e 180° in orizzontale. Questo permette loro di osservare ampiamente l'ambiente circostante senza muovere la testa, il che è fondamentale per cacciare le prede senza essere individuati.

- Migliore visione dei colori: le farfalle Bluebottle hanno almeno 15 tipi di fotorecettori rispetto ai tre degli esseri umani, il che le rende gli animali con la migliore visione dei colori. I loro fotorecettori sono in grado di rilevare uno spettro di luce ultravioletta, viola, blu, blu-verde, verde e rossa. Ciò consente loro di rilevare colori specifici in ambienti complessi, come oggetti nascosti nella vegetazione.

- La vista più complessa: il gambero mantide ha il sistema visivo più complesso del regno animale. Con 12-16 fotorecettori nei loro occhi composti, possono vedere la luce ultravioletta e polarizzata e possono regolare la loro sensibilità a diverse lunghezze d'onda. Ciò suggerisce che i loro occhi elaborano le informazioni visive prima che raggiungano il cervello.

- La migliore visione nel regno animale: le aquile hanno un'acuità visiva di 20/5, quattro volte superiore a quella degli esseri umani. Hanno una visione quasi panoramica e possono individuare le prede da una distanza massima di 3 miglia. Hanno una percezione dei colori potenziata e possono anche vedere la luce UV. Sono le campionesse indiscusse della vista nel regno animale!

1.3 L'olfatto più acuto

- Si ritiene comunemente che gli orsi abbiano il senso dell'olfatto più sviluppato tra tutti gli animali, con alcune stime che suggeriscono che sia 2.100 volte superiore a quello umano. Il loro senso dell'olfatto è così sviluppato che è difficile da misurare e le stime sulla sua portata variano notevolmente. Ad esempio, alcuni sostengono che un orso nero possa sentire l'odore del cibo da oltre un miglio di distanza, mentre altri affermano che possa sentirlo da oltre due miglia. Si stima che l'olfatto degli orsi polari sia ancora più sviluppato, fino a 40 miglia([1]).

- Gli elefanti africani hanno probabilmente l'olfatto più potente in termini di numero di recettori olfattivi. Uno studio di ricerca ha dimostrato che hanno circa 2.000 tipi di recettori olfattivi, che consentono loro di rilevare una vasta gamma di odori con incredibile precisione[2]. Sono in grado di rilevare fonti d'acqua fino a 20 km di distanza e utilizzano l'odore degli altri elefanti per mantenere i legami sociali.

- I segugi sono noti per il loro eccezionale senso dell'olfatto, che si stima sia almeno 1.000 volte più forte di quello umano. Hanno circa 230 milioni di cellule olfattive nelle loro grandi e sensibili membrane olfattive, che consentono loro di rilevare odori che gli esseri umani non sono in grado di percepire. I segugi possono seguire una traccia olfattiva per oltre 130 miglia o una traccia risalente a più di 12 giorni prima. L'olfatto dei segugi è stato utilizzato dalle forze dell'ordine per quasi 200 anni per rintracciare persone scomparse e criminali. Le loro scoperte possono essere utilizzate anche in tribunale.

1.4 Il miglior udito

- I piccioni hanno una straordinaria capacità di sentire gli infrasuoni, che sono suoni con frequenze molto basse. Mentre la gamma uditiva umana inizia a circa 20 Hz, i piccioni possono rilevare suoni infrasonici fino a 0,05 Hz. Questa straordinaria capacità permette loro di percepire gli infrasuoni emessi da tempeste, terremoti e vulcani lontani. I piccioni possono utilizzare questi suoni a bassa frequenza come "mappe sonore" per orientarsi durante i voli a lunga distanza. Le loro eccezionali capacità di orientamento erano molto apprezzate in tempo di guerra e durante la Seconda guerra mondiale sono stati insigniti di 32 delle 53 medaglie PDSA Dickin per il loro coraggio e la loro dedizione al dovere([3]).

- La falena della cera maggiore ha l'udito più sensibile nel mondo degli insetti, nonostante la sua struttura auricolare semplice. Con solo un paio di timpani e quattro cellule recettrici ciascuno, è in grado di rilevare frequenze fino a 300.000 Hz ([4]) (rispetto ai 20.000 Hz degli esseri umani), rendendola l'animale con l'udito migliore conosciuto dalla scienza. Questo udito eccezionale permette alla falena di rilevare ed eludere efficacemente i predatori come i pipistrelli.

- I lupi possiedono notevoli capacità uditive, in grado di rilevare suoni da grandi distanze: fino a 6 miglia (9,7 chilometri) nelle foreste e 10 miglia (16,1 chilometri) in aree aperte. Questo udito eccezionale è fondamentale per la loro caccia e sopravvivenza in natura.

1.5 Il senso del tatto più acuto

- La talpa dal naso a stella (*Condylura cristata*) è rinomata per il suo straordinario senso del tatto. Queste talpe hanno 22 appendici nasali mobili simili a dita ricoperte da oltre 25.000 recettori sensoriali, che conferiscono loro un senso del tatto sei volte più sensibile di quello della mano umana. Sono in grado di rilevare gli odori anche sott'acqua, espirando piccole bolle d'aria sugli oggetti o sulle tracce odorose e poi inspirando le bolle per riportare l'odore al naso.

- Le tarantole sono ragni grandi e pelosi con un senso del tatto eccezionale. Peli specializzati chiamati tricobotria ricoprono le loro zampe e i pedipalpi, aiutandoli a rilevare i minimi movimenti dell'aria. Questi peli sottili possono rilevare movimenti dell'aria sottili fino a 10 milionesimi di millimetro, circa le dimensioni di due atomi di idrogeno, consentendo loro di determinare con precisione la posizione delle creature vicine e se si tratta di potenziali prede o compagni.

1.6 Il miglior gusto

- I pesci gatto hanno un senso del gusto straordinario. Mentre una persona media ha circa 10.000 papille gustative, i pesci gatto ne hanno oltre 100.000 (alcuni pesci gatto di grandi dimensioni ne hanno fino a 175.000), che ricoprono tutto il loro corpo, compresi i baffi, le pinne e la pelle. Queste papille gustative sono altamente sensibili e consentono ai pesci gatto di rilevare il cibo a chilometri di distanza, anche in acque torbide. I pesci gatto utilizzano i loro recettori gustativi per localizzare le prede e possono persino determinare la direzione da cui proviene un sapore. Questo eccezionale senso del gusto è fondamentale per i pesci gatto, che ne fanno ampio uso per cacciare e nutrirsi. Al contrario, i polli hanno il minor numero di papille gustative di qualsiasi altro animale, con solo circa 24.

1.7 La più lunga aspettativa di vita

L'uccello più longevo

- L'uccello più anziano in cattività è stato un cacatua rosa di nome Cookie, che ha vissuto fino a 83 anni allo zoo Brookfield di Chicago. Sebbene alcuni sostengano che alcuni uccelli abbiano vissuto oltre 100 anni, queste affermazioni non possono essere verificate a causa della mancanza di registri precisi sulla schiusa delle uova, soprattutto per gli uccelli selvatici. Inoltre, gli appassionati di uccelli a volte esagerano l'età dei loro uccelli. Cookie detiene il Guinness World Record per l'uccello più anziano mai registrato.

L'animale terrestre più longevo

- Jonathan, una tartaruga gigante delle Seychelles di 191 anni (ad agosto 2024), detiene il Guinness World Record per l'animale terrestre più longevo. Nato intorno al 1832, Jonathan ha vissuto durante i mandati di 40 presidenti degli Stati Uniti e 31 governatori di Sant'Elena, la sua isola natale. Nonostante la sua età avanzata e la perdita della vista a causa della cataratta, Jonathan rimane attivo e viene nutrito a mano ogni settimana per assicurargli l'apporto di nutrienti essenziali. La sua straordinaria longevità supera di gran lunga la media di 150 anni della sua specie.

- Adwaita, che in sanscrito significa "unico e solo", era una tartaruga gigante di

Aldabra maschio che viveva allo zoo Alipore di Calcutta, in India. Con un peso di 250 kg, Adwaita seguiva una dieta a base di crusca di frumento, carote, lattuga, ceci ammollati e pane. Alla fine del 2005, una crepa nel suo guscio ha causato un'infezione fatale, che ha provocato un'insufficienza epatica e la sua morte il 22 marzo 2006. Al momento della sua scomparsa, si riteneva che Adwaita avesse almeno 255 anni. Se questa stima fosse accurata, Adwaita detiene il titolo di animale terrestre più longevo mai registrato.

La più lunga aspettativa di vita tra i mammiferi

- La balena della Groenlandia (*Balaena mysticetus*) è considerata il mammifero più longevo, con una durata di vita di oltre 200 anni. Queste balene vivono negli oceani artici e subartici e raggiungono la maturità sessuale solo intorno ai 25 anni di età. Le punte di arpioni in pietra rinvenute in alcune balene catturate indicano che possono vivere ben oltre i 100 anni e alcuni scienziati ritengono che possano vivere anche più a lungo.

La più lunga aspettativa di vita tra i vertebrati

- Gli squali della Groenlandia sono i vertebrati più longevi della Terra. Utilizzando la datazione al carbonio-14, gli scienziati hanno stimato che la durata della vita di questi squali sia di circa 400 anni, con le femmine che raggiungono la maturità sessuale intorno ai 156 anni[5]. La loro eccezionale longevità è probabilmente dovuta alle acque fredde dell'Oceano Atlantico settentrionale e dell'Oceano Artico, che rallentano i loro processi metabolici e biochimici.

Animali più longevi

- Le spugne di vetro sono considerate tra le creature più longeve sulla Terra, con alcuni esemplari che vivono per 10.000-15.000 anni. Si ritiene che una spugna di vetro nel Mare di Ross sia l'animale più longevo esistente, mentre un'altra nel Mar Cinese Orientale avrebbe vissuto per 11.000 anni. Queste spugne potrebbero essere state vive durante l'ultima era glaciale. Sono animali, non piante o rocce, e hanno scheletri complessi simili al vetro. Vivono attaccate a superfici dure, filtrando l'acqua per nutrirsi di batteri e plancton.

- Medusa immortale. Gli scienziati hanno scoperto la *Turritopsis dohrnii,* nota come "medusa immortale", nel Mar Mediterraneo nel 1880. Ha la capacità unica di resettare il suo ciclo vitale, tornando a uno stadio di sviluppo precedente quando si trova di fronte a danni fisici o minacce. Sebbene minuscola, con un diametro di soli 4,5 mm, la medusa immortale è anche una specie resistente e sempre più aggressiva, che si diffonde a livello globale agganciandosi alle zavorre delle navi.

Gli esseri umani più longevi

- Sebbene la durata della vita degli esseri umani non sia impressionante rispetto a quella di alcuni animali, abbiamo comunque una durata di vita discreta tra i mammiferi. Ad agosto 2024, la durata di vita umana più lunga verificata è di 122 anni e 164 giorni, detenuta da Jeanne Calment (1875-1997) della Francia. La durata di vita più lunga verificata per un uomo è di 116 anni e 54 giorni, detenuta da Jiroemon Kimura (1897-2013) del Giappone.

- Il Giappone ha la più grande popolazione di centenari al mondo, con circa 146.000 persone di età pari o superiore a 100 anni. La popolazione centenaria giapponese è cresciuta costantemente negli ultimi due decenni, con un rapporto di 7 centenarie per ogni centenario.

1.8 Giganti e miniature

Il mammifero più grande

- La balenottera azzurra (*Balaenoptera musculus ssp. intermedia*) è il mammifero più grande del mondo e il più grande animale e vertebrato che sia mai esistito. Le balenottere azzurre antartiche possono crescere fino a 30 metri di lunghezza e pesare fino a 200 tonnellate. Hanno cuori grandi come piccole automobili, lingue grandi come quelle degli elefanti e arterie così larghe che gli esseri umani potrebbero nuotarci dentro. Le balene blu sono anche gli animali più rumorosi della Terra, con versi che possono raggiungere i 188 decibel. Durante la stagione dell'alimentazione, possono consumare fino a 3,6 tonnellate di krill al giorno.

- L'elefante africano (*Loxodonta africana*) è considerato il più grande mammifero terrestre del mondo. Gli elefanti africani maschi possono pesare fino a 13.300 libbre (6 tonnellate) e raggiungere un'altezza di 13 piedi (4 metri), mentre le femmine possono pesare circa 12.000 libbre (5,4 tonnellate) e raggiungere un'altezza di 14,7 piedi (4,5 metri). Il più grande elefante mai registrato è stato abbattuto in Angola nel 1974 e misurava 35 piedi (10,7 metri) dalla proboscide alla coda. Gli elefanti africani sono originari dell'Africa subsahariana e vivono in branchi nelle savane e nelle foreste. Sono noti per le loro lunghe proboscidi e zanne, che possono crescere fino a 8 piedi (2,4 metri) di lunghezza e vengono utilizzate per il foraggiamento.

Il mammifero più piccolo

- Il toporagno etrusco è il mammifero vivente più piccolo in termini di peso, con un peso di appena 1,5 grammi e una lunghezza che va da 36 a 52 millimetri. Si trova in Asia e nel Mediterraneo. Il suo cuore batte fino a 25 volte al secondo, rispetto alle 1,2 volte al secondo degli esseri umani.

- Il mammifero più piccolo in termini di lunghezza del corpo è il pipistrello dal naso di maiale di Kitti, noto anche come pipistrello calabrone. È lungo circa 29-33 millimetri e ha il cranio più piccolo di qualsiasi mammifero. Pesa circa 1,7-2 grammi, più o meno il peso di due caramelle Skittles. Vive nelle grotte della Thailandia occidentale e del Myanmar in colonie di meno di 100 pipistrelli.

L'animale più alto

- La giraffa (Giraffa camelopardalis) è l'animale terrestre più alto del mondo, con un'altezza che può raggiungere i 5,5 metri. Il suo lungo collo, che può estendersi fino a 1,8 metri, costituisce quasi la metà della sua altezza. Anche le sue zampe sono più lunghe di quelle della maggior parte degli esseri umani adulti. Le giraffe sono originarie dell'Africa e vivono principalmente nelle savane, dove le praterie e gli alberi forniscono loro il riparo e il cibo necessari.

L'uccello più grande

- Lo struzzo comune (*Struthio camelus*) è l'uccello vivente più grande del mondo, con un'altezza che raggiunge i 2,8 metri e un peso superiore ai 156,8 chilogrammi. Originario dell'Africa, lo struzzo vive nelle praterie, nelle savane e nelle zone arbustive. Sebbene non sia in grado di volare, usa le sue ampie ali (che raggiungono un'apertura alare di 2 metri) come vele per stabilizzarsi mentre corre. Le sue uova sono le più grandi tra tutte le specie di uccelli, con un peso medio di 1,4 chilogrammi ciascuna, pari a circa 24 uova di gallina.

L'uccello più piccolo

- Il colibrì ape (Mellisuga helenae) è l'uccello più piccolo del mondo, con una lunghezza di 57 millimetri e un peso inferiore a 2 grammi. È originario di Cuba e viene spesso scambiato per un'ape. La femmina costruisce nidi a forma di coppa con ragnatele e muschio, e le loro uova hanno all'incirca le dimensioni di chicchi di caffè. Le ali del colibrì ape battono 80 volte al secondo durante il volo e fino a 200 volte al secondo durante i voli di corteggiamento.

Il pesce più grande

- Lo squalo balena (*Rhincodon typus*) è il pesce più grande del mondo, può raggiungere i 12 metri di lunghezza e pesare fino a 40 tonnellate. Nonostante le grandi dimensioni e l'aspetto intimidatorio, è noto per essere docile e socievole.

Il pesce più piccolo

- Il pesce nano vive nelle foreste paludose del Sud-Est asiatico ed è considerato il pesce più piccolo del mondo. Le femmine adulte misurano da 7,9 a 10,3 millimetri di lunghezza.

1.9 Adattamenti sorprendenti

Esperti nell'imitazione

- Il polpo mimico, scoperto inizialmente nel 1998 al largo della costa di Sulawesi, in Indonesia, è il campione di imitazione del regno animale. A differenza di altri mimici che in genere assomigliano a una sola specie, questo straordinario polpo può imitare l'aspetto e il comportamento di varie creature, tra cui meduse, granchi, serpenti marini, gamberetti e pesci leone. Il polpo imita i pesci leone velenosi e i serpenti marini per sfuggire ai predatori.

- Il tordo bruno è probabilmente il miglior imitatore del Nord America in termini di suono, poiché è in grado di cantare fino a 2.000 canzoni diverse. Appartiene alla famiglia dei Mimidae ed è in grado di imitare senza sforzo il canto di altri uccelli, come il succiacapre, il tordo boschereccio e il picchio muratore settentrionale.

- Come i tordi bruni, anche i tordi beffeggiatori appartengono alla famiglia dei Mimidae e sono cantanti versatili. Sono in grado di produrre una vasta gamma di suoni, dai gorgheggi e cinguettii ai ronzii e alla caratteristica nota "chewp". Possono imparare e imitare fino a 200 suoni diversi, compresi i richiami di altri uccelli come il phoebe orientale e i gabbiani, e persino imitare rumori prodotti dall'uomo come gli allarmi delle auto e i cancelli scricchiolanti.

- Gli storni europei sono anche abili imitatori, in grado di imitare fino a 20 specie diverse di uccelli, come le quaglie e i killdeer. Possono anche imitare i rumori prodotti da motociclette, bollitori, allarmi delle auto, telefoni e persino il linguaggio umano. Questi uccelli sono molto diffusi in Europa e sono noti per la loro adattabilità e il loro comportamento a volte aggressivo. Tutti gli storni del Nord America discendono da 100 uccelli liberati nel Central Park di New York all'inizio del 1890.

Sopravvissuti estremi

- Sebbene molti animali si siano adattati al loro ambiente e abbiano sviluppato eccellenti capacità di sopravvivenza in condizioni estreme, nessuno è paragonabile ai tardigradi. I tardigradi, noti anche come orsetti d'acqua, sono minuscole creature (lunghe 0,1-1,2 mm) che vivono in vari ambienti umidi, come muschio, terreno e acqua. Possono entrare in uno stato di animazione sospesa chiamato criptobiosi, in cui si disidratano fino al 3% del loro normale contenuto d'acqua e riducono il loro metabolismo allo 0,01% del livello normale. In questo stato, noto come "stato tun", possono resistere a condizioni estreme, tra cui radiazioni 1.000 volte più forti di quelle che gli esseri umani possono sopportare, temperature che vanno da quasi lo zero assoluto (-459,67 °F o -273,15 °C) a 300 °F (149 °C), il vuoto dello spazio e pressioni sei volte superiori a quelle che si trovano nelle fosse oceaniche più profonde (15.750 libbre per pollice quadrato, ovvero 1.071 volte la pressione atmosferica a livello del mare). Sono i sopravvissuti indistruttibili del regno animale.

- In confronto, mentre gli esseri umani non possono sopravvivere in condizioni così estreme, possono comunque dimostrare una notevole resistenza. Wim Hof, noto come "The Iceman", è un atleta olandese famoso per la sua straordinaria capacità di resistere al freddo estremo. Ha ottenuto oltre 20 record mondiali, tra cui quello di aver corso una maratona di 26 miglia a -4 °F (-20 °C) a piedi nudi e in pantaloncini, e ha stabilito un Guinness World Record rimanendo immerso nel ghiaccio per 1 ora, 52 minuti e 42 secondi. Inoltre, ha scalato il Kilimangiaro in soli pantaloncini e scarpe in 48 ore e ha nuotato per 188 piedi (57,5 metri) sotto un lago ghiacciato. I successi di Hof vanno oltre la resistenza al freddo: ha completato una mezza maratona nel deserto del Namib senza bere acqua. Il segreto di Hof risiede nel Metodo Wim Hof, che utilizza esercizi di respirazione controllata, meditazione e concentrazione mentale per attivare la risposta allo stress del corpo. Questo processo rilascia antidolorifici naturali come oppioidi e cannabinoidi, inducendo uno stato euforico che riduce il dolore e la sensazione di freddo. Studi di risonanza magnetica confermano che il suo cervello "hackerizza" efficacemente i sistemi fisiologici per sopprimere il disagio e migliorare la resistenza[(6)].

Morditori potenti

- I coccodrilli marini sono i rettili viventi più grandi, crescono fino a quasi 6 metri di lunghezza e vivono dai 60 ai 75 anni. Hanno la forza di morso più potente mai registrata tra tutti gli animali viventi, pari a 3.689 libbre per pollice quadrato (psi), ovvero 16.414 newton([7]) ·Ciò equivale al peso di una piccola automobile. Possono nuotare fino a 18 miglia all'ora, tre volte più veloce del nuotatore umano più veloce.

- L'alligatore americano (*Alligator mississippiensis*) è originario degli Stati Uniti sudorientali e può esercitare una potente forza di morso pari a 2.961 libbre di forza, ovvero 13.172 newton[8] . Ha detenuto il record della forza di morso più potente dal 2006 fino a quando è stato superato dal coccodrillo marino nel 2012. Nonostante ciò, i suoi muscoli mascellari sono relativamente deboli e un essere umano potrebbe tenergli chiuse le fauci con una mano o un elastico resistente.

- Lo squalo mako pinna corta (*Isurus oxyrinchus*) ha il morso più potente mai registrato, misurato a 3.000 libbre di forza, ovvero 13.000 newton. La misurazione è stata effettuata su uno squalo mako pinna corta vicino alla Nuova Zelanda nel 2020. Sebbene alcuni studi suggeriscano che il grande squalo bianco e il suo parente preistorico estinto, il megalodonte, abbiano un morso ancora più potente, queste affermazioni non sono verificate da registrazioni reali. Lo squalo mako può crescere fino a 12 piedi di lunghezza e pesare oltre 1.200 libbre. È anche uno degli squali più veloci e può raggiungere velocità fino a 45 miglia all'ora.

- L'ippopotamo (*Hippopotamus amphibious*) ha una forza di morso di circa 8100 newton, più forte di qualsiasi altro animale terrestre. Questa forza è molto superiore a quella del morso di un leone (1.000 libbre di forza, pari a 4.450 newton), di un orso polare (, pari a 1.120 libbre di forza, pari a 5.000 newton) e di un giaguaro (1.500 libbre di forza, pari a 6.500 newton). Gli ippopotami possono aprire la bocca di 150° e hanno canini inferiori affilati e triangolari che possono raggiungere una lunghezza di 30-50 cm. Gli ippopotami sono erbivori, ma possono essere pericolosi per l'uomo se disturbati.

I dormiglioni della natura

- In natura, i pipistrelli bruni grandi (*Eptesicus fuscus*) vanno in letargo per 64-66 giorni, ma un esemplare in cattività è rimasto in letargo per 344 giorni. Durante il letargo, la loro frequenza cardiaca scende da 1.000 a 4-62 battiti al minuto e possono respirare solo una volta ogni due ore. La loro temperatura corporea può scendere a circa 5 °C e il loro metabolismo e il consumo di ossigeno si riducono notevolmente. Tuttavia, al risveglio dal letargo, la loro frequenza cardiaca può aumentare da circa 12 a 800 battiti al minuto in breve tempo.

- Gli scoiattoli artici trascorrono dai sette agli otto mesi in letargo. Possono entrare in uno stato di torpore e abbassare la loro temperatura corporea da circa 37 °C (99 °F) fino a -3 °C (27 °F), che è al di sotto del punto di congelamento. Questa è la temperatura corporea più bassa mai registrata per un mammifero in letargo. Una temperatura così bassa permette alle loro cellule di sopravvivere quando c'è carenza di sangue e ossigeno.

Sempre svegli

- Le farfalle non dormono come gli esseri umani, ma riposano con un comportamento chiamato "roosting". Le farfalle possono riposare per una sola notte o per tutta la stagione invernale. Riposare in gruppo aiuta le farfalle a conservare energia e le protegge dai predatori. Le farfalle riposano quando fa fresco o è nuvoloso, oppure di notte. Poiché le farfalle non hanno palpebre, riposano con gli occhi aperti, di solito nascoste tra le foglie, i cespugli o la corteccia. Possono appendersi a testa in giù alle foglie o ai ramoscelli usando i loro tarsi (piedi). Il loro metabolismo rallenta notevolmente quando riposano.

- Il sonno dei delfini è diverso da quello degli esseri umani e degli altri mammiferi terrestri. Essi sperimentano un sonno a onde lente emisferico (USWS), in cui metà del loro cervello rimane sveglio. L'emisfero attivo monitora la respirazione, l'ambiente e segnala quando è il momento di risalire in superficie per respirare, tenendo un occhio aperto durante il sonno. I delfini cambiano emisfero attivo ogni due ore, consentendo a ciascun emisfero di dormire circa quattro ore in un periodo di 24 ore. Per proteggersi dai predatori, i delfini dormono spesso in branchi o con i compagni, dormendo o riposando a turno l'uno vicino all'altro.

- I rondoni comuni detengono il record mondiale di volo continuo, rimanendo in volo fino a 10 mesi all'anno, mentre i rondoni alpini riescono a volare senza sosta fino a sei mesi. I rondoni dormono persino in volo, alternando brevi periodi di riposo durante il volo. Di notte, salgono ad altitudini fino a 2.000 metri per evitare predatori e ostacoli, planando a una velocità di 20 km/h. Il loro particolare battito d'ali intermittente, quattro secondi di attività seguiti da tre secondi di riposo, consente loro di conservare energia e navigare in sicurezza senza atterrare.

- A differenza degli animali, gli esseri umani hanno in genere bisogno di almeno sette ore di sonno per rimanere vigili e funzionare bene durante il giorno. Tuttavia, ci sono delle eccezioni. Daisuke Hori, un uomo di 40 anni di Tokyo, afferma di aver dormito solo 30 minuti al giorno negli ultimi 15 anni. Questa routine di sonno minimo, dice, gli permette di mantenere uno stile di vita molto attivo, che include lavorare più di 10 ore al giorno, fare esercizio fisico e dedicarsi a numerosi hobby. Egli attribuisce la sua capacità di funzionare con così poco sonno ad anni di autoallenamento e crede che questo gli abbia portato una felicità e una produttività eccezionali. Nonostante le sue affermazioni, gli esperti mettono in guardia contro una privazione del sonno così estrema, poiché la maggior parte delle persone ha bisogno di 7-9 ore di sonno per mantenere la propria salute e il proprio benessere.

- Un altro caso sorprendente è quello di Paul Kern, un ungherese che rimase ferito durante la prima guerra mondiale nel 1915. Un proiettile lo colpì alla testa e si conficcò nel lobo frontale. Dopo l'intervento chirurgico, si è svegliato e ha scoperto di non riuscire più a dormire. Questa condizione è durata 40 anni, fino alla sua morte nel 1955. Nonostante vivesse senza dormire, non mostrava gravi problemi cognitivi, un fenomeno che ha lasciato perplessi gli scienziati. Le teorie suggeriscono che il proiettile potrebbe aver danneggiato la regione del cervello che regola il sonno, oppure che potrebbe aver fatto brevi sonnellini impercettibili.

Leggende velenose

- Il serpente taipan dell'entroterra è noto per avere il veleno più tossico di qualsiasi serpente, e forse di qualsiasi animale, al mondo. Il veleno del taipan dell'entroterra è una combinazione di enzimi e altri fattori che possono paralizzare le terminazioni nervose, distruggere il tessuto muscolare e causare gravi emorragie. Il LD50 del taipan dell'entroterra è di 0,025 mg/kg, il che significa che un solo morso potrebbe uccidere quasi 250.000 topi o oltre 100 esseri umani adulti. I serpenti taipan dell'entroterra si trovano nelle zone remote del Queensland sud-occidentale e dell'Australia Meridionale nord-occidentale.

- La medusa australiana (*Chironex fleckeri*) è considerata l'animale marino più velenoso al mondo e la sua puntura può essere letale. Ogni medusa ha circa 60 tentacoli lunghi fino a 3 metri e ogni tentacolo contiene milioni di uncini microscopici pieni di veleno. Una singola medusa cubo contiene veleno sufficiente a uccidere più di 60 persone e può causare la morte in pochi minuti. Il suo veleno contiene proteine bioattive che possono causare vari effetti, tra cui dolore estremo, distruzione dei tessuti, paralisi, arresto cardiaco e morte.

Uccelli cacciatori di tempeste

- È stato scoperto che la procellaria delle Desertas, un piccolo uccello marino dell'Atlantico settentrionale, insegue i cicloni. In uno studio del 2024, gli scienziati hanno utilizzato il GPS per tracciare 33 procellarie e hanno scoperto che quasi un terzo di esse volava attivamente verso i cicloni quando si trovava a circa 900 chilometri dall'occhio della tempesta. Alcuni uccelli hanno seguito la scia del ciclone per giorni, percorrendo migliaia di chilometri[(9)] ·Gli scienziati ritengono che gli uccelli possano utilizzare gli infrasuoni a bassa frequenza prodotti dal vento e dalle onde per rilevare i cicloni da lontano. Il motivo? Una potenziale grande ricompensa in termini di cibo. I ricercatori hanno scoperto che i cicloni agitano le acque più fredde, portando ad un aumento del fitoplancton (alghe microscopiche che galleggiano liberamente). Il fitoplancton attira poi pesci e cefalopodi, che sono le prede delle procellarie. Lo studio suggerisce che le procellarie sfruttano l'ambiente ricco di cibo creato dai cicloni per nutrirsi.

- Le berte striate, uccelli marini che nidificano sulle isole al largo del Giappone, mostrano un comportamento sorprendente e unico: volano nell'occhio di un tifone per sopravvivere. I ricercatori che hanno monitorato questi uccelli con il GPS per 11 anni hanno scoperto che, invece di evitare le tempeste come altri uccelli marini, alcune berte striate si dirigono verso il centro del ciclone e volano vicino all'occhio per ore. Lo studio ha rivelato che 13 delle 75 berte monitorate hanno volato entro 60 chilometri dall'occhio[(10)] ·Questa zona, nota anche come "orbita oculare", è caratterizzata dai venti più forti, che a volte raggiungono i 75 chilometri all'ora. Questi uccelli sono rimasti in questa zona fino a otto ore, seguendo il movimento della tempesta. Questo comportamento, mai osservato prima in nessuna specie di uccelli, aiuta le berte a evitare di essere spinte verso l'interno, dove potrebbero schiantarsi o essere colpite da detriti. Gli uccelli erano più propensi a seguire questa strategia durante le tempeste più forti per evitare di essere spinti verso masse terrestri pericolose. Gli scienziati ritengono che tali tattiche di volo potrebbero essere più comuni tra gli uccelli di quanto si pensasse in precedenza.

Note

1. *Bear Series, Parte prima: L'olfatto degli orsi - Parco Nazionale di Yosemite (Servizio*

Parchi Nazionali degli Stati Uniti). (n.d.). https://www.nps.gov/yose/blogs/bear-series-part-one-a-bears-sense-of-smell.htm

2. Niimura, Y., Matsui, A., & Touhara, K. (2014). Estrema espansione del repertorio dei geni recettori olfattivi negli elefanti africani e dinamiche evolutive dei gruppi di geni ortologhi in 13 mammiferi placentati. *Genome Research*, *24*(9), 1485–1496. https://doi.org/10.1101/gr.169532.113

3. Chrisler, T. S., & Quine, D. B. (1980). *I piccioni possono "sentire" la strada di casa?* https://watchbird-ojs-tamu.tdl.org/watchbird/index.php/watchbird/article/view/1938

4. Fields, H. (2013). ScienceShot: La tarma della cera ha le orecchie più sensibili nel mondo degli insetti. *Science*. https://doi.org/10.1126/article.26109

5. Nielsen, J., Hedeholm, R. B., Heinemeier, J., Bushnell, P. G., Christiansen, J. S., Olsen, J., Ramsey, C. B., Brill, R. W., Simon, M., Steffensen, K. F., & Steffensen, J. F. (2016). Il radiocarbonio della lente oculare rivela secoli di longevità nello squalo della Groenlandia (Somniosus microcephalus). *Science, 353(*6300), 702–704. https://doi.org/10.1126/science.aaf1703

6. Learn, J. R. (21 maggio 2018). La scienza spiega come l'Uomo venuto dal ghiaccio resista al freddo estremo. *Smithsonian Magazine*. https://www.smithsonianmag.com/science-nature/science-explains-how-iceman-resists-extreme-cold-180969134/

7. Erickson, G. M., Gignac, P. M., Steppan, S. J., Lappin, A. K., Vliet, K. A., Brueggen, J. D., Inouye, B. D., Kledzik, D., & Webb, G. J. W. (2012). Approfondimenti sull'ecologia e il successo evolutivo dei coccodrilli rivelati attraverso esperimenti sulla forza del morso e sulla pressione dei denti. *PLoS ONE, 7(*3), e31781. https://doi.org/10.1371/journal.pone.0031781

8. Erickson, G. M., Lappin, A. K., Parker, T., & Vliet, K. A. (2003). Confronto tra la forza del morso di alligatori americani (*Alligator mississippiensis*) allevati in cattività da lungo tempo e di quelli selvatici. *Journal of Zoology, 262(*1), 21–28. https://doi.org/10.1017/s0952836903004400

9. Polidoro, J. (6 agosto 2024). Perché un piccolo uccello marino osa volare verso i cicloni. *Science News*. https://www.sciencenews.org/article/seabird-fly-toward-c

yclones-prey

10. Kreier, F. (17 ottobre 2022). Alcuni uccelli marini sopravvivono ai tifoni volando al loro interno. *Science News*. https://www.sciencenews.org/article/seabirds-typhoons-shearwaters-survival

Chapter 2

Piante straordinarie

2.1 Le piante più grandi

- Nel 2022 gli scienziati hanno scoperto la pianta più grande del mondo, una posidonia chiamata *Posidonia australis* nella Shark Bay, in Australia[1]. La pianta si estende per oltre 180 chilometri, un'area più grande di Washington, DC, e si stima che abbia almeno 4.500 anni. Le dimensioni della pianta sono dovute alla sua capacità di clonarsi, creando germogli geneticamente identici. Questo processo, chiamato clonalità poliploide, consente agli organismi di superare i loro predecessori e occupare nuovi ambienti.

- Pando (*Populus tremuloides*), una colonia clonale di pioppi tremuli nella Fishlake National Forest dello Utah, è considerato il più grande organismo vivente in termini di massa. Pesa circa 13,2 milioni di libbre (circa 6.000 tonnellate) e comprende 47.000 fusti geneticamente identici che si estendono su 106 acri (circa 80 campi da football americano). Pando è da tre a cinque volte più pesante delle sequoie più grandi conosciute e pesa all'incirca quanto 35 balene blu o 1.000 elefanti. Tutti gli steli condividono un apparato radicale vecchio di 80.000 anni. Pando si riproduce asessualmente attraverso l'autoreplicazione.

- Il General Sherman Tree (*Sequoiadendron giganteum*) nella Giant Forest del Sequoia National Park è l'albero più grande al mondo in termini di volume. È alto 84 metri e ha un tronco largo 30 metri. Si stima che pesi circa 2,7 milioni di libbre (1.225 tonnellate) e abbia circa 2.100 anni.

- La *Rafflesia arnoldii*, nota anche come fiore cadavere, è il fiore singolo più grande del mondo. Può raggiungere i 3 piedi di diametro e pesare fino a 15 libbre. Emette un odore sgradevole che ricorda quello della carne in decomposizione. Il fiore è originario delle foreste pluviali del Sud-Est asiatico, tra cui Indonesia, Malesia, Thailandia e Filippine. Essendo una pianta parassita, si attacca a una vite ospite per ottenere acqua e sostanze nutritive. Il fiore cadavere è una pianta rara e in via di estinzione che non viene quasi mai coltivata nei giardini botanici.

2.2 Le piante più piccole

- La Wolffia è la pianta da fiore più piccola al mondo e misura solo 0,1-0,2 mm di diametro. Appartiene al genere Wolffia, un tipo di lenticchia d'acqua. Questa pianta di colore verde brillante e di forma ovale cresce in tappeti sulla superficie di specchi d'acqua dolce calmi come stagni, laghi e paludi. La Wolffia è ricca di proteine ed è un'ottima fonte di cibo per uccelli acquatici e pesci. Viene utilizzata anche nella cucina thailandese.

- Il salice nano (*Salix herbacea*), noto anche come salice delle nevi o salice minore, è spesso considerato l'albero più piccolo del mondo. Raggiunge un'altezza di soli 1-6 cm. Questo minuscolo salice che cresce rasoterra appartiene alla famiglia delle Salicaceae ed è ben adattato a sopravvivere nella tundra artica e subartica. Il salice nano ha amenti sia maschili che femminili, ma su piante separate. Gli amenti femminili sono rossi, mentre quelli maschili sono gialli. Tuttavia, alcuni considerano il salice nano un arbusto legnoso piuttosto che un albero, quindi il titolo di "albero più piccolo" è oggetto di dibattito.

2.3 Le piante più antiche

- Con un'età stimata di circa 80.000 anni, la colonia di pioppi tremuli Pando non è solo una delle piante più grandi della Terra, ma anche la pianta vivente più antica scoperta finora.

- Si stima che l'agrifoglio di King (*Lomatia tasmanica*) abbia almeno 43.000 anni. È stato scoperto nel 1937 dall'esploratore tasmaniano Denny King e si ritiene che si trovi da qualche parte nella natura selvaggia della Tasmania meridionale. L'agrifoglio di King si riproduce solo vegetativamente, il che significa che una nuova pianta cresce quando un ramo cade e sviluppa le proprie radici.

- Methuselah, un pino bristlecone del Great Basin situato nelle White Mountains della California, ha un'età stimata di 4.856 anni ad agosto 2024[2]. È l'albero non clonale vivente più antico al mondo. L'età dell'albero è stata determinata contando gli anelli nei campioni prelevati dalla sua base nel 1957. Per proteggerlo dagli atti vandalici, il Servizio Forestale degli Stati Uniti mantiene segreta la sua esatta ubicazione. L'albero prende il nome dal patriarca biblico Methuselah, che si dice abbia vissuto 969 anni.

2.4 Le piante più tossiche

Il fagiolo più letale

- Il ricino è un arbusto originario dell'Africa ed è senza dubbio la pianta più tossica al mondo. I semi di ricino contengono ricina, una tossina stimata essere 6.000 volte più velenosa del cianuro e 12.000 volte più velenosa del veleno del serpente a sonagli. Un solo seme di ricino può essere letale per un bambino, mentre tre o più possono essere letali per un adulto. I sintomi dell'avvelenamento da ricina includono vomito, forti dolori addominali, diarrea e convulsioni. Il calore (176 °F, ovvero 80 °C) inattiva la tossina.

- Il fagiolo jequirity è il seme del pisello del rosario, una pianta rampicante velenosa e sempreverde originaria dell'India e di altre zone tropicali e subtropicali del mondo. Il suo nome deriva dal suo aspetto simile a un rosario. I fagioli jequirity sono estremamente tossici perché contengono abrina, una tossina fino a 75 volte più potente della ricina, il veleno presente nei semi di ricino. L'abrina inibisce la sintesi proteica nelle cellule e induce la morte cellulare. Tuttavia, l'avvelenamento da fagioli jequirity è raro perché i semi hanno un guscio duro che impedisce alla tossina di essere digerita nell'intestino.

L'albero più letale

- L'albero di manchineel (*Hippomane mancinella*) è considerato l'albero più tossico al mondo. I suoi frutti simili a mele sono la ragione del suo nome spagnolo, *manzanilla de la muerte*, che significa "piccola mela della morte". Tutte le parti dell'albero sono tossiche, compresa la linfa, la corteccia e i frutti. Il contatto con la linfa dell'albero può causare gravi vesciche e l'esposizione alla linfa può portare alla cecità da . Anche stare sotto l'albero durante un temporale può causare vesciche se le gocce di pioggia contengono linfa. Mangiare i frutti può causare agonia e potenzialmente la morte. L'albero di manchineel è originario dei Caraibi, della Florida e del nord del Sud America.

Il fungo più letale (che in realtà non è una pianta)

- Il fungo velenoso (*Amanita phalloides*) è il più letale al mondo, responsabile del 90% dei decessi correlati ai funghi. Questo fungo di dimensioni medio-grandi ha un cappello grigio-verdastro, lamelle bianche, un anello bianco attorno al gambo e una grande sacca bianca alla base del gambo. Originario dell'Eurasia, il fungo velenoso è stato accidentalmente introdotto in Nord America negli anni '30. Ora si trova negli ambienti urbani e sta lentamente colonizzando la costa occidentale. Il fungo contiene amatoxine, che causano danni potenzialmente letali al fegato e ai reni. Un solo fungo può contenere una quantità di veleno sufficiente a uccidere un adulto medio. I sintomi dell'avvelenamento da fungo velenoso includono bassa pressione sanguigna, nausea e vomito. Non toccate mai questo fungo se lo incontrate in natura!

La pianta più letale in Europa e Nord America

- L'aconito, noto anche come monaco, è una delle piante più velenose d'Europa. Contiene una neurotossina chiamata aconitina, che può essere assorbita attraverso la pelle e causare avvelenamento per contatto. Bastano 2 milligrammi di aconitina o 1 grammo della pianta per causare la morte per paralisi respiratoria o insufficienza cardiaca. Nell'antichità, la pianta veniva utilizzata sulle punte delle frecce e come esca per uccidere i lupi (da cui il nome). È originaria dell'Europa occidentale e centrale, ma esistono circa 100 specie di aconito, di cui cinque originarie del Nord America.

- La cicuta acquatica è considerata la pianta più velenosa del Nord America. Contiene una tossina chiamata cicutossina, che produce rapidamente sintomi gastrointestinali come nausea, vomito e dolori addominali entro 60 minuti dall'ingestione. La tossina agisce anche direttamente sul sistema nervoso centrale, causando convulsioni e altri sintomi. La radice della pianta contiene la più alta concentrazione di tossina e anche un solo morso può essere letale. La cicuta acquatica cresce in luoghi umidi e paludosi e viene spesso confusa con la pastinaca selvatica o il sedano.

La tentazione più letale

- La belladonna contiene composti chiamati atropina e solanina, che possono essere letali se ingeriti. Le bacche della pianta di belladonna assomigliano ai mirtilli, rendendole facili da ingerire accidentalmente. Le bacche della pianta sono particolarmente pericolose perché hanno un sapore dolce ma sono letali. La belladonna ha una lunga storia di uso e abuso, anche come veleno e nei cosmetici. Il nome della pianta deriva dalla parola italiana che significa "bella donna" perché le donne erano solite applicarne il succo sugli occhi per dilatare le pupille. È stato riportato che solo due bacche possono uccidere un bambino, mentre 10-15 possono uccidere un adulto.

2.5 Le piante più resistenti

- La Welwitschia mirabilis, nota anche come Welwitschia, è una pianta unica che è sopravvissuta per migliaia di anni nel duro deserto del Namib. Si stima che alcune piante di Welwitschia abbiano un'età compresa tra i 1.500 e i 2.000 anni. È considerata un "fossile vivente" e si ritiene che si sia evoluta più o meno nello stesso periodo dei dinosauri. Il profondo fittone della Welwitschia, che può estendersi per 1,5 metri o più, la aiuta a sopravvivere nel deserto arido assorbendo l'acqua dalla nebbia marina e dalle acque sotterranee profonde.

- Le piante della resurrezione (*Selaginella lepidophylla*), che si trovano nel deserto di Chihuahua negli Stati Uniti e in Messico, sono straordinariamente resistenti. Possono perdere quasi tutta la loro acqua e rimanere essiccate per anni. Tuttavia, possono rinascere rapidamente entro 48 ore con un po' d'acqua. Le piante della resurrezione accumulano grandi quantità di saccarosio e trealosio (due tipi di zuccheri) nei loro tessuti, che stabilizzano gli enzimi e le strutture cellulari in assenza di acqua e prevengono i danni causati dai sali.

2.6 Le piante a crescita più rapida

- Il bambù è la pianta con la crescita più rapida al mondo e può crescere fino a 0,9 metri al giorno, ovvero 38 millimetri all'ora. Ciò equivale ad aggiungere ogni ora all'altezza del bambù una quantità pari a quella di una graffetta! Il bambù cresce visibilmente sopra il terreno solo per circa 60 giorni in primavera. Dopodiché, i fusti smettono di crescere e la pianta reindirizza la sua energia alle radici. Il bambù cresce rapidamente soprattutto grazie ai suoi steli cavi e alla rapida espansione delle sue cellule dopo l'assorbimento dell'acqua.

- Sebbene non sia una pianta, la kelp gigante (*Macrocystis pyrifera*) è un'alga bruna estremamente grande e una delle specie a più rapida crescita nell'oceano. Cresce a una velocità media di 28 cm al giorno, ma in condizioni ideali può crescere fino a 61 cm al giorno. Può raggiungere oltre 30 metri di lunghezza in poco più di un anno. L'alga kelp gigante prospera in acque turbolente, che forniscono le sostanze nutritive necessarie alla sua crescita.

2.7 Le piante più colorate

L'albero più colorato

- L'eucalipto arcobaleno è noto per i suoi colori e motivi sorprendenti ed è considerato l'albero più colorato del mondo. La corteccia dell'albero è naturalmente marrone, ma si stacca a strisce rivelando una corteccia interna di colore verde brillante. Quando la corteccia verde viene esposta all'aria, cambia colore nel tempo, assumendo sfumature di viola, blu, arancione, rosso e giallo. L'albero perde la corteccia in diversi periodi dell'anno, rivelando ogni volta nuovi colori e motivi. Per questo motivo, non esistono due eucalipti arcobaleno con lo stesso motivo. L'eucalipto arcobaleno può raggiungere i 75 metri di altezza. È stato originariamente introdotto alle Hawaii nel 1929 e si trova in varie località delle isole.

I fiori più colorati

- I fiori dell'uccello del paradiso (*Strelitzia reginae*) sono noti per i loro colori vivaci e l'aspetto sorprendente. Presentano una vasta gamma di colori, tra cui arancione, rosso, blu e giallo. I fiori hanno motivi intricati e ricordano un tramonto tropicale. Anche la loro forma è notevole, con petali che si aprono a ventaglio come ali e una struttura simile a un becco. I fiori dell'uccello del paradiso sono originari del Sudafrica. Sono piante d'appartamento molto apprezzate e sono meno sensibili al freddo rispetto ad altri fiori tropicali.

- Il loto blu, noto anche come il sacro giglio blu del Nilo, è una ninfea tropicale con fiori a forma di stella che sbocciano durante il giorno. I fiori possono crescere fino a 102-152 millimetri di diametro e hanno petali appuntiti e verticali che si distendono sulla superficie dell'acqua. Il fiore di loto blu è noto per il suo colore sorprendente, un vivace azzurro cielo con sfumature di viola. Le punte appuntite dei petali sono azzurro cielo e sfumano verso il bianco al centro, creando un effetto luminoso. Nell'antico Egitto, il loto blu era associato alla rinascita e al dio del sole Ra.

2.8 Gli adattamenti più insoliti

- Una cattura mortale. La Venere acchiappamosche è una pianta carnivora con uno dei meccanismi di cattura più veloci del regno vegetale. Attira le prede con un profumo fruttato e il rivestimento rossastro delle sue foglie, che hanno minuscoli peli chiamati tricomi sensibili al tatto. Quando un insetto tocca i peli, le foglie della pianta si chiudono in meno di un secondo, intrappolando la preda all'interno. La pianta secerne quindi degli enzimi che dissolvono il corpo della preda, fornendo sostanze nutritive. La trappola si riapre dopo circa 10 giorni in attesa del prossimo pasto.

- Piante simili a pietre. I lithops sono piccole piante succulente originarie dei deserti dell'Africa meridionale. Hanno sviluppato un paio di foglie spesse che assomigliano a ciottoli colorati. La pianta ha un fusto corto e i suoi fiori sbocciano da una fessura nella parte superiore delle foglie. Il suo aspetto la protegge efficacemente dall'essere mangiata dagli animali e i lithops sono molto difficili da individuare, anche per un occhio esperto. I lithops possono vivere fino a 40 o 50 anni.

- Albero della vita. Il baobab è una pianta succulenta africana che può immagazzinare oltre 1.000 galloni d'acqua nel suo tronco spesso durante la stagione delle piogge, conferendogli il suo aspetto iconico. La corteccia e i frutti dell'albero hanno oltre 300 applicazioni vitali. Ad esempio, le sue foglie ricche di ferro sono commestibili. Il frutto è un superalimento con sei volte più vitamina C delle arance. Il succo del frutto può essere usato come medicinale per calmare lo stomaco dei bambini. I semi possono essere usati per creare oli. La corteccia può essere trasformata in corde e vestiti. Inoltre, l'albero è alla base di molti rimedi, tradizioni e folklore indigeni. Il baobab è noto per sopravvivere sia alla siccità che al fuoco, e il baobab più antico ha più di 2.500 anni.

- Punture dolorose. L'ortica è una pianta spesso utilizzata nella medicina erboristica occidentale. Le sue foglie e i suoi steli hanno minuscoli peli cavi lunghi circa 1 millimetro. Quando i peli toccano la pelle, le loro punte si rompono, iniettando sostanze chimiche come istamina, acetilcolina, serotonina e acido formico nella pelle. Queste sostanze chimiche provocano un'immediata reazione cutanea dolorosa ( ), che può includere bruciore, prurito o formicolio. La pelle può anche arrossarsi e sviluppare un'eruzione cutanea che non si diffonde. Stranamente, l'ortica può ridurre il dolore nelle zone dolorose del corpo. Gli scienziati ritengono che ciò sia dovuto al fatto che riduce le sostanze chimiche infiammatorie nel corpo e interferisce con la trasmissione del segnale del dolore.

- Non toccarmi. La pianta sensibile, nota anche come *Mimosa pudica*, reagisce al contatto fisico e all'oscurità con rapidi movimenti e cambiamenti nell'orientamento delle foglie. Quando viene toccata o scossa, le foglie della pianta si ripiegano verso l'interno e i suoi rami si abbassano, una reazione nota come tigmonastia. Si ritiene che questo movimento sia un meccanismo di difesa che spaventa gli erbivori. Le foglie si riaprono dopo alcuni minuti. La rapida risposta della pianta al tatto è dovuta a cellule specializzate alla base delle foglie e dei gambi che rilasciano rapidamente acqua.

- L'albero che cammina. Si dice che la palma che cammina, nota anche come *Socratea exorrhiza*, possa percorrere fino a 20 metri all'anno[3]. Il processo comprende tre fasi: l'erosione del suolo, che permette all'albero di far crescere nuove radici verso il sole; l'insediamento delle radici, in cui le nuove radici si insediano nel nuovo terreno e l'albero si piega verso di esse; e l'eliminazione delle vecchie radici, in cui le radici più vecchie si disintegrano e l'albero sposta il suo centro di gravità verso il nuovo apparato radicale. Tuttavia, alcuni scienziati discutono se la palma che cammina cammini davvero. Studi più accurati aiuteranno a determinare la capacità di camminare dell'albero nelle giungle dell'America centrale e meridionale.

2.9 Colture sorprendenti

- Piccante da morire. A ottobre 2023, il peperoncino più piccante al mondo è il Pepper X, che misura in media 2,69 milioni di unità di piccantezza Scoville (SHU). È circa 1.000 volte più piccante del peperoncino jalapeño medio. Il precedente detentore del record era il Carolina Reaper, con una media di 1,64 milioni di SHU. Entrambi i peperoncini sono stati sviluppati da Ed Currie attraverso incroci. Mangiare un Pepper X può causare bruciore di stomaco e forti crampi addominali, e anche solo toccarlo può causare un dolore bruciante alla pelle. In confronto, un peperoncino jalapeño misura tra 2.500 e 5.000 SHU, mentre un peperoncino thailandese misura tra 50.000 e 100.000 SHU.

- La regina dello zucchero. Il mango è considerato il frutto più dolce al mondo: un mango (circa 220 grammi) contiene ben 45 grammi di zucchero. Il mango Carabao e il mango Manila delle Filippine e i super mango dell'Egitto sono tra le varietà più dolci. Questa dolcezza deriva dall'alto contenuto di fruttosio del mango. Al secondo posto, una tazza di uva (150 grammi) contiene 23 grammi di zucchero e una tazza di ciliegie (140-150 grammi) ne contiene 18. Quindi fate attenzione al contenuto di zucchero la prossima volta che scegliete uno spuntino!

- Favolosamente grasso. Gli avocado sono i frutti con il più alto contenuto di grassi, con circa l'80% delle loro calorie provenienti dai grassi. Un avocado medio contiene in genere circa 22-23 grammi di grassi ( ), pari a circa 250 calorie. I grassi contenuti negli avocado sono per lo più monoinsaturi, il che aiuta a ridurre i livelli di colesterolo LDL (cattivo) e a diminuire il rischio di malattie cardiache e ictus. Gli avocado sono anche ricchi di fibre e contengono molte vitamine e minerali.

- Il titano dei campi. L'ortaggio più pesante mai registrato (a ottobre 2023) è una zucca di 1.246,9 kg coltivata da Travis Gienger negli Stati Uniti[4]. È stata presentata al 50° Safeway World Championship Pumpkin Weigh-Off a Half Moon Bay, in California, il 9 ottobre 2023. Gienger ha chiamato la zucca "Michael Jordan" in omaggio al leggendario giocatore di basket. Questa zucca ha battuto il precedente record di 2.702 libbre (1.226 kg) stabilito da Stefano Cutrupi in Italia nel 2021. Gienger, insegnante di orticoltura, è noto per la coltivazione di zucche giganti, tra cui una zucca di 2.560 libbre nel 2022 che è stata intagliata a forma di aquila per Halloween.

- Non si può vivere senza. Il riso è una delle colture più importanti al mondo e nutre più persone di qualsiasi altro alimento di base. È l'alimento principale per oltre 3,5 miliardi di persone, in particolare in Asia, America Latina e alcune parti dell'Africa, ovvero più della metà della popolazione mondiale. La coltivazione del riso ha avuto inizio nell'antica India o nel Sud-Est asiatico e oggi Cina, India e Indonesia sono i paesi leader nella produzione mondiale di riso. Questo cereale versatile fornisce oltre il 20% di tutte le calorie consumate dagli esseri umani.

- La coltura più antica. Il taro è considerato la coltura più antica al mondo. Secondo una ricerca pubblicata nel 2023, il suo utilizzo risale a quasi 28.000 anni fa nelle Isole Salomone, molto più antico dei 13.000 anni delle lenticchie[5]. Il taro è originario del Sud-Est asiatico e successivamente si è diffuso in altre parti del mondo, tra cui il Giappone, le isole del Pacifico e l'Africa. È una coltura di base nel Pacifico, in Asia, nell'Africa occidentale e nelle Americhe, che nutre oltre 500 milioni di persone in tutto il mondo.

Note

1. *La pianta più grande del mondo è un clone di alghe marine australiane.* (1 giugno 2022). Museo di Storia Naturale. https://www.nhm.ac.uk/discover/news/2022/june/worlds-largest-plant-australian-seagrass-clone.html

2. *Methuselah, un pino bristlecone, è considerato l'organismo vivente più antico della Terra*. (21 aprile 2011). USDA. https://www.usda.gov/media/blog/2011/04/21/methuselah-bristlecone-pine-thought-be-oldest-living-organism-earth

3. Gruber, K. (25 febbraio 2022). *Alberi che possono crescere fino a 20 metri all'anno*. https://www.bbc.com/travel/article/20151207-ecuadors-mysterious-walking-trees

4. *La zucca più pesante*. (12 ottobre 2023). Guinness World Records. https://www.guinnessworldrecords.com/world-records/heaviest-pumpkin

5. Ferdaus, M. J., Chukwu-Munsen, E., Foguel, A., & Da Silva, R. C. (2023). Radici di taro: un tubero sottoutilizzato. *Nutrients*, *15*(15), 3337. https://doi.org/10.3390/nu15153337

Chapter 3

Fenomeni naturali estremi

3.1 I venti più veloci

- La velocità del vento più veloce mai registrata da un anemometro è stata di 253 miglia all'ora (408 km/h), misurata il 10 aprile 1996 a Barrow Island, in Australia, durante il ciclone tropicale Olivia. La raffica è stata prodotta da una circolazione su scala minore all'interno della parete dell'occhio di Olivia chiamata mesovortice. Tuttavia, la velocità del vento più elevata mai registrata in una stazione meteorologica presidiata è stata di 231 mph (372 km/h), misurata all'Osservatorio del Monte Washington nel New Hampshire il 12 aprile 1934. Il Monte Washington detiene anche il record della velocità del vento più elevata nell'emisfero settentrionale e occidentale.
- Il tornado più forte. Il tornado di Bridge Creek-Moore del 1999 è stato un tornado di categoria F5 con venti che hanno raggiunto la velocità record di 321 miglia all'ora (517 km/h). È stato uno dei 58 tornado che hanno colpito Oklahoma City il 3 maggio 1999 ed è stato il più distruttivo dell'ondata. Questo è stato il primo tornado di categoria F5 a colpire l'area metropolitana di Oklahoma City. Il tornado ha percorso un tragitto di 38 miglia in quasi un'ora e mezza, uccidendo almeno 36 persone e ferendone altre 583. Ha causato danni per 1 miliardo di dollari, equivalenti a circa 1,8 miliardi di dollari odierni.

3.2 I luoghi più ventosi

- La Baia del Commonwealth in Antartide è nota per essere il luogo più ventoso della Terra. È famosa per i suoi venti catabatici, causati dall'aria fredda che scende dalla calotta glaciale antartica. Con una velocità media annua del vento di 50 mph, le raffiche nella baia possono raggiungere velocità superiori a 150 mph e possono continuare per giorni. La forma a mezzaluna della baia incanala i flussi d'aria, costringendoli a muoversi più velocemente. La mancanza di masse terrestri che rallentino il vento contribuisce a rendere l'Antartide uno dei luoghi più ventosi del pianeta. La baia di Commonwealth è nota anche per essere la base della spedizione antartica australiana.

- Wellington, in Nuova Zelanda, è considerata la città più ventosa del mondo. Il vento non è eccezionalmente forte, con una media di 22,7 mph (36,5 km/h) durante tutto l'anno, ma registra raffiche superiori a 37 mph (60 km/h) per 173 giorni all'anno. La raffica più forte mai registrata a Wellington, sul Monte Kaukau, ha raggiunto i 125 mph (201 km/h). La posizione di Wellington sullo Stretto di Cook, tra l'Oceano Pacifico e l'Isola del Sud della Nuova Zelanda, la rende vulnerabile ai venti forti. Lo Stretto di Cook agisce come una galleria del vento, incanalando le brezze oceaniche nella città. Wellington è soprannominata "Windy Wellington" (Wellington ventosa) e sul suo lungomare si trova una statua chiamata "Solace in the Wind" (Conforto nel vento), che raffigura una persona protesa verso la brezza. Grazie ai suoi forti venti, Wellington sfrutta questa risorsa naturale per generare energia pulita.

3.3 Le precipitazioni più intense

- Il villaggio di Mawsynram, situato nello stato indiano di Meghalaya, detiene il titolo di luogo più piovoso della Terra, con una piovosità media annua di 467,4 pollici (11.872 mm). Questa quantità sbalorditiva è dieci volte superiore alla media nazionale indiana di 42,6 pollici (1.083 mm). Nel 1985, Mawsynram è entrato nel Guinness dei primati per la più alta precipitazione annuale mai registrata, con un incredibile 1.042,2 pollici (26.471 mm) tra il 1860 e il 1861. Situata sulle colline Khasi, Mawsynram deve le sue straordinarie precipitazioni all'aria calda e umida che arriva dal Golfo del Bengala durante la stagione dei monsoni. In confronto, Cardiff, la città più piovosa del Regno Unito, riceve in media solo 45,4 pollici (1.152 mm) di pioggia all'anno.

- In Colombia, López de Micay e Lloró hanno registrato precipitazioni annuali stimate rispettivamente di 12.892,4 mm e 12.717 mm. Tuttavia, queste cifre non sono ampiamente riconosciute a causa delle lacune nei dati disponibili.

3.4 Le nevicate più intense

- Sukayu Onsen, che significa "sorgente termale acida", è uno dei luoghi abitati più nevosi al mondo. Si trova nella città di Aomori, nella parte settentrionale dell'isola principale del Giappone, Honshu. Riceve in media 17,6 metri di neve all'anno, il valore più alto al mondo per una stazione di rilevamento ufficiale. Il suo record di nevicate invernali è di 23,7 metri. Il 26 febbraio 2013, Sukayu Onsen ha registrato 5,66 metri di neve, il valore più alto mai registrato da una stazione meteorologica certificata JMA. Nonostante le abbondanti nevicate, Sukayu Onsen è accessibile su strada tutto l'anno ed è famosa per le sue grandi terme pubbliche e la vicinanza alle piste da sci. L'altitudine elevata della zona, i venti freddi del nord e il clima continentale umido contribuiscono alle abbondanti nevicate.

- Sebbene Sukayu Onsen sia nota per la sua elevata nevicata annuale, il luogo più nevoso in un anno è stato Paradise, sul Monte Rainier, nello Stato di Washington. Dal 19 febbraio 1971 al 18 febbraio 1972 ha ricevuto 1.224 pollici (31,1 metri) di neve, che corrispondono all'altezza di un edificio di 10 piani. Questo è anche il Guinness World Record per la maggiore nevicata in 12 mesi. Nel frattempo, la nevicata più alta in un periodo di 24 ore è stata di 100,8 pollici (2,56 metri) a Capracotta, in Italia, il 5 marzo 2015. Assicuratevi di rimanere al chiuso in quei giorni nevosi!

3.5 I luoghi più aridi

- Arica, in Cile, è considerata la città più arida del mondo, con una piovosità media annua di soli 0,03 pollici (0,08 cm) in un periodo di 59 anni. Il deserto di Atacama che la circonda è ancora più arido, con alcune zone che non ricevono pioggia da oltre 500 anni. Questa aridità è dovuta alla posizione dell'Atacama in un'ombra pluviometrica, dove le montagne bloccano l'aria carica di umidità, consentendo solo all'aria secca di raggiungere il deserto.

- Le McMurdo Dry Valleys in Antartide sono un altro luogo estremamente arido della Terra. Situate a circa 97 chilometri nell'entroterra dalla costa occidentale del McMurdo Sound dell' , sono prive di ghiaccio e ricoperte di roccia brulla. Ciò è dovuto ai forti venti catabatici secchi con velocità fino a 200 miglia all'ora (322 km/h), che spazzano via la neve che cade sul fondo della valle. A causa della loro umidità estremamente bassa, sia il deserto di Atacama in Cile che le McMurdo Dry Valleys sono utilizzate dalla NASA per testare strumenti e attrezzature per le missioni su Marte.

3.6 I deserti più grandi

- Potrebbe sorprendervi, ma il deserto più grande del mondo non è il Sahara. L'Antartide è il deserto più grande del mondo, con una superficie di 5,5 milioni di miglia quadrate (14,2 milioni di chilometri quadrati). È anche il deserto più freddo e ventoso della Terra e ospita il Polo Sud geografico. L'Antartide è considerata un deserto perché riceve pochissime precipitazioni, con alcune zone che ricevono meno di 2 pollici (51 millimetri) all'anno. I deserti sono definiti dalla scarsa quantità di pioggia e neve, che porta a una ridotta presenza di acqua liquida sul terreno, piuttosto che dalle temperature elevate e dalle dune di sabbia. Infatti, le McMurdo Dry Valleys in Antartide sono uno dei luoghi più aridi della Terra. Nonostante le condizioni difficili, l'Antartide ospita una grande varietà di fauna selvatica, tra cui pinguini, foche e orche.

- Il deserto polare artico è il secondo deserto più grande della Terra, dopo l'Antartide. Questo vasto e freddo deserto polare si estende per 13,9 milioni di chilometri quadrati e comprende le regioni più settentrionali del pianeta, coprendo principalmente parti del Canada, della Groenlandia e della Russia. È caratterizzato da temperature estremamente basse, precipitazioni minime e un paesaggio privo di acqua liquida. L'Artico è caratterizzato da grandi calotte glaciali, permafrost e un ambiente rigido e ventoso. Nonostante le condizioni difficili, ospita varie specie adattate come orsi polari, trichechi e uccelli come la sterna artica e il fulmaro boreale.

- Il deserto del Sahara è il più grande deserto caldo del mondo e il terzo deserto più grande in assoluto, dopo l'Antartide e l'Artico. Copre 3,6 milioni di miglia quadrate (9,3 milioni di chilometri quadrati), una superficie paragonabile a quella della Cina. Il Sahara è il deserto più caldo del mondo, con una temperatura media annuale di 30 °C (86 °F) e una temperatura massima record di 58 °C (136 °F). Le precipitazioni sono minime, con meno di 25,4 millimetri all'anno in molte zone. Nonostante le condizioni difficili, il Sahara ospita una flora diversificata, tra cui cactus, palme da dattero e piante spinose adattate a ridurre al minimo la perdita di umidità. È anche la patria di centinaia di specie animali, come scarabei stercorari, scarabei, scorpioni e varie formiche. Il Sahara ha una ricca storia, con insediamenti umani che risalgono a secoli fa. Da questa regione sono emerse civiltà importanti come l'antico Egitto e Cartagine. Grazie al suo paesaggio unico, il Sahara è stato utilizzato come location per le riprese della saga di Star Wars.

3.7 Le temperature più fredde

- Yakutsk, in Russia, è la città più fredda del mondo nel 2023. Capitale della Repubblica di Sakha nella Siberia orientale, Yakutsk ha registrato una temperatura minima di -83,9 °F (-64,4 °C) il 5 febbraio 1891, un . Gennaio è in genere il mese più freddo, con una temperatura media minima di -43,6 °F (-42 °C). Questa città di 355.000 abitanti è costruita sul permafrost (uno strato di terreno ghiacciato che comprende terra, ghiaia e sabbia) e molte case sono costruite su pali di cemento. Nonostante gli inverni rigidi, Yakutsk ha estati sorprendentemente calde, con una temperatura media massima di 26 °C (78,8 °F) a luglio, più calda di Londra.

- Oymyakon è un remoto villaggio nella Repubblica di Sakha, in Russia, situato tra due valli. È noto per essere il luogo abitato più freddo della Terra, con una temperatura media invernale di circa -58 °F (-50 °C). Nel 1924, la temperatura è scesa a -96,2 °F (-71,2 °C). Il villaggio è costituito da case di legno costruite su fondamenta affondate in profondità nel permafrost. I residenti lasciano le loro auto accese per evitare che non riescano a ripartire a causa del freddo estremo. Oymyakon un tempo aveva una popolazione di 2.500 abitanti, ma nel 2018 era scesa a meno di 900.

- Il luogo più freddo della Terra è l'altopiano dell'Antartide orientale, dove le temperature possono scendere fino a -98 °C (-144 °F). Situato al centro del continente, l'altopiano ospita il Polo Sud geografico. Gli scienziati hanno utilizzato sensori satellitari per registrare questa temperatura estrema il 10 agosto 2010. Il cielo limpido e l'aria estremamente secca della regione contribuiscono a queste condizioni gelide.

3.8 Le temperature più calde

- Dallol, in Etiopia, è considerato il luogo abitato più caldo della Terra, con una temperatura media annuale di 34,4 °C (93,9 °F). Tuttavia, le temperature diurne possono superare i 49 °C (120 °F). Situato nella depressione di Dancalia, l'ambiente estremo di Dallol è il risultato di una combinazione di calore intenso, condizioni aride e bassa altitudine.

- La temperatura dell'aria più alta mai registrata sulla Terra è stata di 56,7 °C (134,1 °F) al Furnace Creek Ranch nella Death Valley, in California, il 10 luglio 1913.

Nel 2024, la Death Valley ha registrato l'estate più calda mai registrata, con una temperatura media di 40,3 °C (104,5 °F) nelle 24 ore da giugno ad agosto. Questo dato ha superato il precedente record di 40,1 °C (104,2 °F) registrato nel 2018 e nel 2021.

- Il deserto di Lut in Iran detiene il record della temperatura superficiale più alta della Terra. Nel 2005, un satellite ha misurato la temperatura della superficie del suolo nel deserto di Lut a 70,7 °C (159,3 °F). Nel 2021, un satellite ha registrato temperature fino a 81 °C (177 °F) nel deserto. Il deserto di Lut si trova in una conca circondata da montagne nel sud-est dell'Iran. La sua posizione contribuisce all'estrema aridità, rendendolo inospitale per la maggior parte delle forme di vita. Tuttavia, il deserto di Lut ospita una varietà di animali resistenti, tra cui volpi di Rüppell, gatti delle sabbie, serpenti freccia e scorpioni dorati.

3.9 I terremoti estremi

- Il terremoto più profondo mai registrato è stata una lieve scossa di assestamento del terremoto di Ogasawara del 2015, verificatasi a una profondità di 751 chilometri (467 miglia) sotto la superficie terrestre. Questo terremoto è stato così profondo da avere origine nel mantello inferiore, una regione in cui i sismologi ritenevano impossibile che si verificassero terremoti. Il terremoto di Ogasawara del 2015 è stato un terremoto di magnitudo 7,9 che ha scosso le isole Bonin al largo del Giappone continentale. La scossa di assestamento, troppo piccola per essere avvertita in superficie, è stata rilevata solo dalla rete di stazioni sismiche Hi-net del Giappone.

- Il terremoto più forte mai registrato è stato quello di magnitudo 9,5 verificatosi in Cile il 22 maggio 1960. Il terremoto si è verificato in una zona di subduzione dove la placca pacifica si è spostata sotto la placca sudamericana. Il terremoto ha causato tsunami in tutto l'Oceano Pacifico, colpendo le Hawaii, il Giappone, le Filippine, la Nuova Zelanda orientale, l'Australia sud-orientale e le Isole Aleutine. Hilo, nelle Hawaii, a oltre 10.000 chilometri (6.200 miglia) dall'epicentro, ha registrato onde di tsunami alte fino a 35 piedi (10,7 metri). Il terremoto del Cile del 1960 ha portato allo sviluppo di un sistema globale di allerta tsunami.

- Il terremoto di magnitudo 9,0 del Tohoku del 2011, noto anche come il Grande Terremoto di Sendai, è stato il terremoto più potente che abbia mai colpito il Giappone. È probabilmente il terremoto più devastante, avendo spostato l'isola principale del Giappone di circa 2,4 metri e l'asse terrestre di circa 17 centimetri.

Ciò ha comportato un accorciamento della durata del giorno di 1,8 microsecondi.

- Il terremoto e lo tsunami del Tohoku del 2011 sono anche considerati il terremoto più costoso della storia, con costi stimati che raggiungono i 360 miliardi di dollari. Il terremoto ha distrutto oltre 123.000 case e ne ha danneggiate quasi un milione. Ha anche danneggiato gravemente i generatori di riserva della centrale nucleare di Fukushima Daiichi, provocando un incidente nucleare che ha rilasciato materiale radioattivo nell'atmosfera e nell'oceano.

- Alcuni potrebbero credere che il terremoto dell'Oceano Indiano del 2004, che ha causato la morte di 227.898 persone, sia stato il più mortale, ma non è così. Il terremoto più mortale mai registrato nella storia è stato quello dello Shaanxi del 1556 nella Cina centrale, che ha causato la morte di circa 830.000 persone. Il terremoto ha colpito una regione in cui la maggior parte delle persone viveva in yaodong, grotte artificiali scavate nella roccia tenera, che sono crollate durante il sisma. Il secondo terremoto più mortale è stato quello di Tangshan, in Cina, nel 1976. Il terremoto di magnitudo 7,6 ha colpito la città alle 3:42 del mattino del 28 luglio 1976, quando la maggior parte delle persone dormiva. Si stima che 255.000 persone siano morte in questo terremoto, ma alcuni esperti ritengono che il bilancio delle vittime possa essere stato anche di 655.000.

3.10 Le cascate più alte

- L'Angel Falls, situata nel Parco Nazionale di Canaima, in Venezuela, è spesso considerata la cascata più alta del mondo. Con un'altezza di 979 metri e un dislivello ininterrotto di 807 metri, è una meraviglia naturale mozzafiato. La cascata è composta dal salto principale dell' , una cascata inclinata e un salto a valle. Prende il nome dall'avventuriero americano James Angel, che nel 1937 precipitò con il suo aereo su una mesa vicina. Lo status delle cascate Angel come cascate più alte è oggetto di dibattito. Alcuni sostengono che per misurare l'altezza di una singola cascata si debba considerare solo il salto ininterrotto di 807 metri. Se si utilizzasse questa misura, le cascate Tugela in Sudafrica rivendicherebbero il titolo di cascate più alte del mondo.

- Le cascate Tugela in Sudafrica sono alte 948 metri, il che le rende la seconda cascata più alta del mondo e la più alta dell'Africa. Sono composte da cinque distinte cascate a salto libero e la sezione più alta misura 411 metri. La cascata si trova nel Royal Natal National Park, all'interno delle montagne del Drakensberg, e la sua sommità si trova a quasi 3.048 metri sul livello del mare. Il nome Tugela deriva dalla parola zulu "thukela", che significa "qualcosa che spaventa". Se l'altezza totale dell'Angel Falls fosse considerata solo come il suo salto iniziale di 807 metri, allora le cascate Tugela sarebbero le più alte del mondo.

- Tuttavia, né le cascate Angel Falls né quelle Tugela si avvicinano alla cascata dello stretto di Danimarca, una cascata sottomarina nell'Oceano Atlantico tra la Groenlandia e l'Islanda. È la cascata più alta in assoluto, con un dislivello di oltre 3.505 metri dal Mare di Groenlandia al Mare di Irminger. Trasporta circa 175 milioni di piedi cubi (5 milioni di metri cubi) di acqua al secondo, equivalenti a quasi 2.000 cascate del Niagara al massimo flusso. Questo trabocco sottomarino è formato dalla differenza di densità tra le masse d'acqua su entrambi i lati dello stretto di Danimarca.

3.11 I fiumi più lunghi

- Il Rio delle Amazzoni, precedentemente considerato il secondo fiume più lungo dopo il Nilo, è ora riconosciuto come il fiume più lungo del mondo. Con una lunghezza di almeno 4.258 miglia (6.853 chilometri), il Rio delle Amazzoni non è solo il più lungo, ma anche il più grande fiume in termini di dimensioni, trasportando quattro volte più acqua di qualsiasi altro fiume. Rappresenta il 15-16% del deflusso totale dei fiumi del mondo negli oceani, pompando 52.834 galloni (200.000 litri) di acqua dolce nell'oceano ogni secondo. Il Rio delle Amazzoni è circondato dalla foresta pluviale amazzonica, la più grande foresta pluviale del mondo, che ospita milioni di specie. Tuttavia, l'Amazzonia deve affrontare molte minacce, tra cui la deforestazione, lo sviluppo infrastrutturale mal pianificato e il cambiamento climatico.

- Il fiume Nilo è lungo circa 4.132 miglia (6.650 chilometri) e scorre dall'Africa centrale al Mar Mediterraneo. Ha tre affluenti principali: il Nilo Bianco, il Nilo Azzurro e l'Atbara. Il bacino idrografico del Nilo copre circa il 10% dell'Africa e sostiene l'agricoltura da migliaia di anni. Il Nilo era un'importante via commerciale per gli antichi egizi, che lo utilizzavano per trasportare merci come oro, avorio e spezie. Il Nilo è circondato da molti siti storici e monumenti, tra cui le Piramidi di Giza, il Tempio di Luxor e la Valle dei Re.

3.12 Gli oceani più profondi

- La parte più profonda dell'oceano è la Fossa delle Marianne, che si trova nell'Oceano Pacifico occidentale vicino alle Isole Marianne. La parte più profonda della fossa è chiamata Challenger Deep ed è profonda 36.037 piedi (10.984 metri), più profonda dell'altezza del Monte Everest. La pressione sul fondo della Fossa delle Marianne è di 1.086 bar, ovvero 15.750 libbre per pollice quadrato (psi), che equivale al peso di 100 elefanti adulti in piedi sulla tua testa. Nonostante questo ambiente ostile, la fossa ospita forme di vita sorprendentemente diverse, tra cui il crostaceo di acque profonde Hirondellea gigas. Nel 2012, James Cameron è entrato nella storia diventando la prima persona a completare un'immersione in solitaria con un sottomarino nella Fossa delle Marianne.

- La fossa di Porto Rico è la parte più profonda dell'Oceano Atlantico. Situata a circa 75 miglia a nord di Porto Rico, la fossa raggiunge una profondità massima di 28.373 piedi (8.648 metri). Si è formata oltre 70 milioni di anni fa quando la placca nordamericana è scivolata sotto la placca caraibica. Questa zona geologicamente attiva presenta rischi di terremoti e tsunami, ma ospita anche una fauna marina diversificata, tra cui una popolazione riproduttiva di megattere e altre specie come le balene di Bryde, le balenottere boreali, le balenottere comuni e le balenottere minori.

3.13 I laghi estremi

- Il Mar Caspio, situato tra l'Europa e l'Asia, è il più grande specchio d'acqua interno del mondo. Confina con Russia, Azerbaigian, Kazakistan, Turkmenistan e Iran e copre una superficie di circa 386.400 chilometri quadrati, superiore a quella del Giappone. Il Mar Caspio si estende per quasi 750 miglia (1.200 chilometri) in lunghezza e ha una larghezza media di 200 miglia (320 chilometri). La sua profondità varia notevolmente, con le parti meno profonde a nord che hanno una profondità media compresa tra 13 e 20 piedi (da 4 a 6 metri), mentre le regioni meridionali raggiungono profondità di 3.360 piedi (1.024 metri). Sebbene salato, il Mar Caspio ha una salinità pari solo a circa un terzo di quella dell'acqua di mare media. È alimentato dai fiumi Volga, Ural e Terek provenienti dal nord e ospita un ecosistema diversificato di pesci, molluschi e altri organismi, comprese specie originarie sia dell'ambiente artico che di quello mediterraneo.

- Il Lago Superiore è il lago d'acqua dolce più grande del mondo per superficie, con una superficie di 82.103 chilometri quadrati. È anche il terzo lago più grande del mondo per volume, contenendo circa il 10% dell'acqua dolce superficiale del pianeta. Con una profondità massima di 1.332 piedi (406 metri), il Lago Superiore è il più profondo dei Grandi Laghi. È anche il più freddo dei Grandi Laghi, con una temperatura media dell'acqua di 40 °F (4,4 °C). Il Lago Superiore è l'habitat di diverse specie, tra cui mammiferi, uccelli, anfibi e pesci.

- Il lago Baikal, nella Siberia meridionale, in Russia, è il lago più profondo del mondo, con una profondità massima di 1.642 metri. È anche il lago d'acqua dolce più grande del mondo in termini di volume, contenente il 20-23% dell'acqua dolce superficiale non ghiacciata della Terra. Il lago Baikal è l' e lago d'acqua dolce più antico del mondo, con un'età stimata tra i 20 e i 25 milioni di anni. Si estende per 395 miglia (636 chilometri) in lunghezza e 49 miglia (79 chilometri) in larghezza, con una superficie di 12.248 miglia quadrate (31.722 chilometri quadrati). In confronto, il Crater Lake in Oregon è il lago più profondo degli Stati Uniti, con una profondità di 1.943 piedi (592 metri). Il Crater Lake si trova all'interno del Crater Lake National Park ed è noto per le sue montagne, le vette e le foreste sempreverdi.

3.14 I vulcani più grandi

- State ancora pensando al supervulcano di Yellowstone? Ce n'è uno molto più grande. Il Tamu Massif è un enorme vulcano sottomarino e il più grande vulcano della Terra. Situato a circa 1.000 miglia (1.609 chilometri) a est del Giappone nell'Oceano Pacifico, fa parte della catena montuosa sottomarina Shatsky Rise, formatasi circa 145 milioni di anni fa. Il Tamu Massif copre un'area di circa 120. 000 miglia quadrate (310.799 chilometri quadrati), che è all'incirca la dimensione del New Mexico. Il suo punto più alto si trova a circa 6.500 piedi (1.981 metri) sotto la superficie dell'oceano e la sua base si estende fino a circa 4 miglia (6,4 chilometri) di profondità. Il Tamu Massif è grande circa la metà dell'Olympus Mons su Marte, il vulcano più grande del sistema solare, visibile dalla Terra nelle notti limpide.

- Il Mauna Loa è il vulcano attivo più grande della Terra, copre 5.271 chilometri quadrati e costituisce circa la metà dell'isola delle Hawaii. La sua cima raggiunge i 4.170 metri sul livello del mare, ma i suoi fianchi sottomarini scendono per altri 5.000 metri fino al fondo dell'oceano. Questo rende il Mauna Loa alto più di 17.000 metri dalla base alla cima, così massiccio che il suo peso piega il fondo dell'oceano sotto di esso! Il Mauna Loa ha eruttato 33 volte dal 1843. La sua eruzione più recente è avvenuta dal 27 novembre al 13 dicembre 2022.

- Tuttavia, i giganteschi vulcani sopra citati non sono i più pericolosi. L'eruzione vulcanica più mortale della storia è stata quella del Monte Tambora in Indonesia, avvenuta il 10-11 aprile 1815, che ha causato la morte di circa 92.000 persone. L'eruzione causò la morte diretta di circa 10.000 persone, mentre altre 82.000 morirono a causa della carestia e delle malattie provocate dai depositi di cenere dell'eruzione. La potente eruzione espulse 13,2 trilioni di galloni (50 chilometri cubi) di magma e fu udita a oltre 1.200 miglia (1.931 chilometri) di distanza, sull'isola di Sumatra. L'eruzione ha lasciato una caldera collassata larga 3,7 per 4,3 miglia (6 per 7 chilometri) e profonda 3.281 piedi (1.000 metri) al posto del cono sommitale del vulcano. È classificata come 7 nell'Indice di Esplosività Vulcanica (VEI), ed è la seconda classificazione più alta, considerata "super-colossale".

3.15 Le valli più lunghe

- La Great Rift Valley è la più lunga valle di rift sulla superficie terrestre, che si estende per oltre 4.000 miglia (6.400 chilometri) dalla Giordania al Mozambico nell'Africa orientale. Questa valle a forma di Y comprende un sistema di valli di rift interconnesse, tra cui l'East African Rift, l' , il Red Sea Rift e il Gulf of Aden Rift. Ha una profondità media di 600-900 metri, anche se in alcuni punti raggiunge profondità fino a 2.700 metri, come nella scarpata di Mau in Kenya. La Great Rift Valley è ancora attiva e continua ad allargarsi e ad approfondirsi lentamente. Ospita numerosi laghi, vulcani, deserti, pianure e scarpate, che costituiscono l'habitat di una fauna selvatica molto varia, tra cui uccelli, leoni, leopardi, elefanti, rinoceronti, bufali, ghepardi, giraffe, antilopi, zebre e primati.

- La valle del fiume Missouri è la più lunga valle fluviale del Nord America. Il fiume nasce nella catena montuosa Bitterroot delle Montagne Rocciose, nel Montana sud-occidentale, e scorre verso est e sud per 3.767 km prima di confluire nel fiume Mississippi a nord di St. Louis, nel Missouri. La valle, che comprende le pianure alluvionali e il letto del fiume, drena un sesto degli Stati Uniti. Il fiume Missouri, spesso chiamato "Big Muddy" (il grande fangoso) per il suo elevato carico di sedimenti, contribuisce alla ricchezza del suolo alluvionale lungo la valle. È stato un percorso cruciale per l'espansione verso ovest degli Stati Uniti e per migliaia di anni è stato un'arteria vitale per i trasporti, l'approvvigionamento alimentare, il commercio e l'esplorazione per milioni di persone.

- Tuttavia, le due valli non sono neanche lontanamente paragonabili alla dorsale medio-atlantica (MAR), una massiccia catena montuosa sottomarina che si estende per circa 16.000 chilometri (10.000 miglia). Questa catena montuosa vulcanica si estende dall'Oceano Artico fino alla punta meridionale dell'Africa. La parte meridionale della MAR separa la placca africana dalla placca sudamericana. La MAR è un sito di espansione del fondale marino, dove il magma proveniente dal mantello sale verso il fondale marino, si raffredda e si allontana dalla dorsale. Questo processo è responsabile dell'allargamento dell'Oceano Atlantico a una velocità di circa 1-10 cm all'anno.

3.16 Le straordinarie pianure

- La pianura della Siberia occidentale nella Russia centrale è la pianura più grande del mondo, con una superficie di circa 1,2 milioni di miglia quadrate (3,1 milioni di chilometri quadrati). È considerata la più grande pianura ininterrotta del mondo, con più della metà della sua superficie a meno di 328 piedi (100 metri) sul livello del mare. La pianura è delimitata dai monti Urali a ovest, dal fiume Yenisey a est, dal mare di Kara a nord e dall'altopiano di Torghay, dagli altipiani kazaki e dai monti Altai a sud. Drenata dai fiumi Ob, Irtysh e Yenisey e dai loro affluenti, la pianura comprende biomi di tundra, foresta e steppa, caratterizzati da foreste di un verde intenso, laghetti e stagni blu-neri e permafrost. La pianura della Siberia occidentale registra un differenziale termico stagionale che può raggiungere i 70 °C (158 °F) o più. In estate le temperature possono raggiungere i 30 °C (86 °F), mentre in inverno possono scendere fino a -45 °C (-49 °F).

- L'altopiano tibetano, noto anche come altopiano del Qinghai-Tibet o altopiano del Qing-Zang, è l'altopiano più grande e più alto del mondo. Copre più di 2,5 milioni di chilometri quadrati, circa cinque volte la superficie della California. Si trova in Asia centrale e si estende attraverso il Tibet, la Cina e l'India. L'altopiano tibetano ha un'altitudine media di 4.500 metri sul livello del mare ( ) ed è conosciuto come "il tetto del mondo". L'altopiano è circondato da alte catene montuose, tra cui l'Himalaya, e ospita le due vette più alte del mondo, il Monte Everest e il K2. L'altopiano tibetano si è formato circa 55 milioni di anni fa a causa della collisione delle placche tettoniche indiana ed eurasiatica, e la sua formazione è durata milioni di anni. Questo processo continuo continua a spingere la terra verso l'alto. L'altopiano tibetano è noto per i suoi inverni rigidi e freddi e i bassi livelli di ossigeno. Le temperature possono scendere fino a −40 °F (−40 °C) in inverno e l'aria a questa altitudine contiene solo circa il 60% dell'ossigeno presente a livello del mare.

3.17 Gli incredibili bacini

- Il Pacifico è il bacino oceanico più grande e profondo della Terra. Copre più di 59 milioni di miglia quadrate (155 milioni di chilometri quadrati), ovvero oltre il 30% della superficie del pianeta. Contiene oltre la metà dell'acqua libera del mondo ed è così vasto che tutti i continenti del mondo potrebbero starci dentro. L'Oceano Pacifico è anche il bacino più antico, con alcune delle sue rocce che si stima abbiano 200 milioni di anni. Il Pacifico è noto come "Anello di fuoco" a causa dell'intensa attività vulcanica e sismica nella regione in cui la placca pacifica incontra molte altre placche tettoniche. Questa regione ospita il 75% dei vulcani del mondo e il 90% dei suoi terremoti. Il Pacifico ospita la vita marina più diversificata di qualsiasi altro oceano, tra cui foreste di alghe, barriere coralline, balene, tartarughe marine e molte specie di pesci.

- Il bacino fluviale più grande del mondo è quello del Rio delle Amazzoni, che copre 2,4 milioni di miglia quadrate (6,2 milioni di chilometri quadrati). Si trova nel nord del Sud America e copre quasi il 40% del continente. Il bacino del Rio delle Amazzoni scarica più del doppio dell'acqua rispetto ai quattro bacini fluviali più grandi del mondo messi insieme. Il bacino amazzonico ospita circa un terzo delle specie conosciute al mondo, tra cui 40.000 specie di piante e 3.000 specie di pesci d'acqua dolce. È anche la patria di oltre 400 gruppi indigeni che parlano circa 300 lingue indigene.

- Il bacino idrografico più grande degli Stati Uniti è quello del fiume Mississippi/Atchafalaya (MARB), che è il terzo bacino idrografico più grande al mondo dopo quelli dell'Amazzonia e del Congo. Il fiume Mississippi drena un'area di circa 1,2 milioni di miglia quadrate (3,2 milioni di chilometri quadrati), coprendo il 41% degli Stati Uniti contigui (comprese parti di 31 stati degli Stati Uniti) e il 15% del Nord America. Il fiume Mississippi ospita più di 325 specie di uccelli e il 25% di tutte le specie ittiche del Nord America. Il bacino ospita molti animali, tra cui specie in via di estinzione come la pantera della Florida e il falco pellegrino. Il bacino funge da sfogo per le piene, rallentando il flusso del fiume Mississippi e proteggendo le comunità dalle mareggiate.

3.18 Le foreste pluviali vitali

- La foresta pluviale amazzonica è la più grande foresta pluviale del mondo, con una superficie di 2,59 milioni di miglia quadrate (6,7 milioni di chilometri quadrati), pari a circa il 70% della superficie degli Stati Uniti continentali dell' e e al doppio della superficie dell'India. La foresta pluviale amazzonica si estende su nove paesi sudamericani, tra cui Brasile, Perù e Colombia, con il 60% della sua superficie situata in Brasile. La foresta pluviale amazzonica ospita almeno il 10% della biodiversità conosciuta al mondo, tra cui oltre 1.800 specie di uccelli e molte specie in via di estinzione come giaguari, aquile arpie, delfini rosa di fiume e migliaia di uccelli e farfalle. L'Amazzonia contribuisce a stabilizzare il clima rimuovendo ogni anno 1,2 miliardi di tonnellate di carbonio dall'atmosfera, mentre le sue foreste e i suoi suoli immagazzinano circa 150-200 miliardi di tonnellate di carbonio. La fitta chioma dell'Amazzonia blocca la luce solare, rendendo il suolo della foresta quasi nero in molte zone. Quando piove, l'acqua può impiegare fino a 10 minuti per raggiungere il suolo.

- La foresta pluviale del Congo copre circa 1,2 milioni di miglia quadrate (3,1 milioni di chilometri quadrati), rendendola la seconda foresta pluviale tropicale più grande del mondo, con una superficie pari a quella dell'India. Si trova nell'Africa equatoriale occidentale e si estende su sei paesi: Camerun, Repubblica Centrafricana, Repubblica Democratica del Congo, Repubblica del Congo, Guinea Equatoriale e Gabon. La foresta pluviale del Congo ospita una vasta biodiversità, che comprende oltre 10.000 specie di piante e 10.000 specie animali. Fornisce l'habitat per specie in via di estinzione come gorilla, elefanti e bufali ed è una fonte di piante utilizzate nella medicina tradizionale, tra cui la china e la rauwolfia. La foresta pluviale del Congo è un ecosistema vitale, talvolta chiamato "il polmone dell'Africa" e "il secondo polmone della Terra". Il bacino del Congo assorbe quasi 1,5 miliardi di tonnellate di anidride carbonica all'anno, rendendolo il più grande serbatoio di carbonio al mondo, che assorbe più carbonio dell'Amazzonia. Tuttavia, è minacciato dalla deforestazione e nel 2022 ha perso mezzo milione di ettari.

3.19 I fulmini più lunghi

- Il fulmine più lungo mai registrato era lungo 477 miglia e si estendeva dal Texas al Mississippi il 29 aprile 2020. Il fulmine è stato catturato dai satelliti NOAA e certificato dall'Organizzazione meteorologica mondiale (OMM). Questo ha battuto il precedente record di 440,6 miglia stabilito nel 2018 sul Brasile meridionale. Mentre i fulmini misurano in genere da 2 a 3 miglia di lunghezza, alcuni possono estendersi per centinaia di miglia. Lo specialista di fulmini Ron Holle osserva che questi eventi eccezionalmente grandi e di lunga durata non sono casi isolati, ma si verificano durante temporali attivi.

- Il fulmine di più lunga durata è durato 17,2 secondi e si è verificato il 18 giugno 2020 sul confine tra Argentina e Uruguay. Il fulmine è stato registrato da apparecchiature di rilevamento dei fulmini su satelliti in orbita terrestre. I megaflash sono fulmini enormi che possono durare più di 10 secondi e percorrere centinaia di miglia. Sono associati a sistemi convettivi su mesoscala (MCS), che sono gruppi di temporali che possono coprire diversi stati.

3.20 I temporali più frequenti

- Il temporale di Catatumbo in Venezuela è il fenomeno di fulmini più intenso al mondo. I fulmini si verificano 140-160 notti all'anno e talvolta fino a 300 notti all'anno, con lampi da 16 a 40 volte al minuto. La densità dei fulmini è la più alta al mondo, con 250 lampi per chilometro quadrato. I fulmini si verificano sopra la foce del fiume Catatumbo, dove sfocia nel lago Maracaibo. Sono causati da una combinazione di aria calda proveniente dal Mar dei Caraibi e aria fredda proveniente dalle Ande. Il nome Catatumbo deriva dalla lingua Bari e significa "Casa del Tuono". I pescatori locali possono essere colpiti dai fulmini se si trovano fuori con le loro barche. Secondo le notizie locali, ogni anno tre o quattro persone muoiono nella capitale mondiale dei fulmini.

- Il villaggio di Kifuka nella Repubblica Democratica del Congo (RDC) registra 158 fulmini per chilometro quadrato all'anno, il che lo rende il secondo luogo al mondo con la maggiore frequenza di fulmini. Kifuka si trova sulle montagne del Congo a un'altitudine di circa 1.700 metri. L'alta densità di fulmini è causata dall'aria calda dell'Atlantico che si scontra con l'aria fresca di montagna, generando cariche statiche che provocano i fulmini. I fulmini sono più intensi da ottobre a marzo e meno intensi da giugno ad agosto.

3.21 Le maree più alte

- La baia di Fundy in Canada ha le maree più alte del mondo, con un'escursione massima di 16 metri e un'escursione media di 11,7 metri. Questo supera di gran lunga l'escursione media di 1 metro registrata in tutto il mondo. Le maree della baia di Fundy sono così potenti che circa 100 miliardi di tonnellate d'acqua entrano ed escono dalla baia durante un ciclo di marea di 12 ore. Si tratta di una quantità superiore al flusso combinato di tutti i fiumi del mondo nello stesso periodo. La forma unica della baia e la risonanza, o seiche, sono responsabili delle sue maree estreme. Le maree variano a seconda della posizione del sole e della luna, nonché delle condizioni atmosferiche. La baia di Ungava in Canada ha un'escursione di marea di 32 piedi (9,8 metri), la seconda più alta al mondo, mentre il Canale di Bristol in Inghilterra e Galles ha un'escursione di marea di 31,5 piedi (9,6 metri), la terza più alta.

3.22 Le onde più grandi

- L'onda della baia di Lituya in Alaska nel 1958 è stata lo tsunami più grande mai registrato al mondo, raggiungendo un'altezza massima di 524 metri. È stata causata da una frana provocata da un terremoto di magnitudo 7,7 sulla faglia di Fairweather nel sud-est dell'Alaska. L'impatto dell'onda fu devastante, spazzando via alberi fino a un'altezza di 524 metri (1.719 piedi) e distruggendo circa 5,2 chilometri quadrati (2 miglia quadrate) di foresta. Questo tsunami causò danni a quote più elevate rispetto a qualsiasi altro registrato, spezzando alberi e spazzando via quasi tutta la vegetazione. Cinque persone hanno perso la vita. La baia di Lituya è nota anche per le sue grandi maree con un'escursione di circa 3 metri (9,8 piedi) e la sua entrata è considerata pericolosa per la navigazione, soprattutto quando le correnti di marea sono forti.

3.23 I luoghi più pericolosi

- Snake Island, conosciuta anche come Ilha da Queimada Grande, è una piccola isola al largo della costa del Brasile che ospita migliaia di velenosi serpenti velenosi della specie golden lancehead pit viper. È così pericolosa che solo la marina brasiliana e gli scienziati con permessi speciali possono visitarla. I ricercatori stimano che sull'Isola dei Serpenti vivano tra i 2.000 e i 4.000 serpenti velenosi della specie golden lancehead, con una densità di circa uno-cinque serpenti per metro quadrato. Il serpente dorato è uno dei serpenti più velenosi al mondo ed è responsabile del 90% dei decessi causati da morsi di serpente in Brasile. Il suo veleno agisce rapidamente e può causare insufficienza renale, emorragie interne e necrosi dei tessuti. I serpenti sono rimasti intrappolati sull'isola circa 11.000 anni fa, quando l'innalzamento del livello dell'oceano l'ha separata dalla terraferma. Sebbene incredibilmente pericoloso, il veleno del serpente dorato ha dimostrato di essere promettente nel trattamento di malattie cardiache, problemi circolatori e coaguli di sangue. L'isola è anche un obiettivo per i trafficanti di fauna selvatica, noti come biopirati, che catturano e vendono illegalmente i serpenti.

- Fraser Island, conosciuta anche come K'gari in Australia, è considerata una delle spiagge più pericolose al mondo. È l'habitat di una varietà di fauna selvatica pericolosa, tra cui dingo, squali e serpenti velenosi. I dingo possono essere imprevedibili e pericolosi se avvicinati o provocati. Gli squali bianchi e gli squali toro si trovano nelle acque poco profonde vicino alla riva. L'oceano intorno a Fraser Island è soggetto a frequenti correnti di risacca, che possono essere pericolose anche per i nuotatori esperti. Inoltre, Fraser Island è molto remota, senza bagnini che pattugliano le spiagge o strutture mediche disponibili in caso di incidente. Tuttavia, l'isola ha oltre 40 laghi e insenature dove nuotare è considerato sicuro.

- La costa più pericolosa. La Skeleton Coast in Namibia è una regione remota e inospitale con relitti di navi, correnti insidiose e squali. Essendo il più grande cimitero di navi al mondo, ospita migliaia di relitti causati da nebbia fitta, correnti imprevedibili, banchi di sabbia poco profondi e onde violente. La Skeleton Coast ospita anche 11 specie di squali, rendendola la terza zona più infestata da squali al mondo. Nota per le sue condizioni pericolose, il popolo San l'ha chiamata "La terra che Dio ha creato con rabbia". La sua lontananza e inaccessibilità ne aumentano la durezza, con la parte settentrionale della costa chiusa ai normali visitatori.

- La spiaggia più infestata dagli squali. Conosciuta come la "capitale mondiale degli attacchi di squali", la Florida ha il più alto tasso di attacchi di squali a livello globale. New Smyrna Beach, nella contea di Volusia, in Florida, ha registrato il maggior numero di attacchi di squali negli Stati Uniti, con 303 attacchi non provocati dal 1882. L'International Shark Attack File (ISAF) ha riportato 259 morsi di squalo non mortali nello stato tra il 2012 e il 2021. Di questi morsi, 32 attacchi sono avvenuti a New Smyrna Beach. Secondo uno studio di Travel Lens, questo numero è doppio rispetto a quello di qualsiasi altra spiaggia degli Stati Uniti.

- Il deserto più tossico. Il deserto di Dancalia, nell'Africa orientale, è conosciuto come la "Porta dell'inferno" a causa delle sue emissioni di gas altamente tossici. Il deserto contiene vulcani attivi e geyser che rilasciano gas tossici, tra cui quantità significative di anidride solforosa, vapori di cloro e altri gas vulcanici. Questi gas sono molto pericolosi da inalare senza un'adeguata protezione; chi visita la zona spesso deve indossare maschere antigas. Infatti, i gas tossici possono essere letali anche per gli uccelli che tentano di fermarsi per bere. Oltre ai gas tossici, la zona è caratterizzata da temperature estremamente elevate, che la rendono quasi invivibile per gli esseri umani. L'acqua salata che raggiunge la superficie può arrivare a 212 °F (100 °C). Il deserto si estende tra Etiopia, Eritrea e Gibuti ed è costellato di sorgenti termali estremamente acide e salate che rilasciano ulteriori vapori tossici.

- La faglia dell'Anatolia settentrionale (NAF) in Turchia è considerata la regione con il più alto rischio di terremoti mortali. La NAF si estende per 1.500 chilometri dalla faglia dell'Anatolia orientale nella Turchia orientale al Mar Egeo e separa la placca eurasiatica dalla placca anatolica. Passa a meno di 20 chilometri da Istanbul, la città più popolata della Turchia con 12,8 milioni di abitanti. La NAF è stata teatro di alcuni dei terremoti più distruttivi della storia, tra cui il terremoto di magnitudo 7,9 di Erzincan nel 1939, che ha causato la morte di oltre 32.000 persone, e il terremoto di magnitudo 7,6 di Golcuk-Kocaeli nel 1999, che ha causato la morte di oltre 17.000 persone. Il terremoto del 2023, che ha causato oltre 55.000 vittime, si è verificato sulla faglia dell'Anatolia orientale. Gli scienziati stimano che la regione di Istanbul-Marmara abbia il 62% di probabilità di subire un terremoto di magnitudo 7,0 o superiore.

3.24 I sentieri escursionistici naturali più lunghi

- Il Trans Canada Trail è il sentiero multiuso più lungo del mondo, che collega gli oceani Atlantico, Pacifico e Artico attraverso il Canada. Il sentiero si estende per 17.398 miglia (28.000 chilometri) e si snoda da costa a costa. Offre una vasta gamma di attività, tra cui escursionismo, ciclismo, canoa, equitazione, sci di fondo e motoslitta. Il sentiero attraversa paesaggi diversi, tra cui aree urbane, rurali e selvagge, collegando 15.000 comunità in tutto il Canada. Utilizzato da oltre 2,6 milioni di persone ogni anno per l'attività fisica, il sentiero contribuisce alla salute fisica e mentale. Per percorrere l'intero sentiero sono necessari circa 26 mesi.

- Il Great Western Loop (GWL) è un sentiero di 6.875 miglia (11.064 chilometri) che si distingue per la sua lunghezza, diversità e difficoltà. Essendo il sentiero escursionistico continuo più lungo degli Stati Uniti e il secondo più lungo al mondo, comprende deserti, montagne, pianure, boschi e percorsi senza sentieri. Il GWL attraversa 12 parchi nazionali e oltre 75 aree selvagge, collegando cinque sentieri a lunga percorrenza esistenti: il Pacific Crest Trail, il Pacific Northwest Trail, il Continental Divide Trail, il Grand Enchantment Trail e l'Arizona Trail. Data la natura impegnativa di questa escursione, la tempistica è fondamentale per ogni sezione. Ryan Jordan e Andrew Skurka hanno creato il GWL e hanno completato la prima escursione nel 2007. L'impresa di Skurka gli è valsa il premio National Geographic Adventurer of the Year. Per percorrere l'intero GWL occorre circa un anno.

- L'American Discovery Trail (ADT) è il primo e unico sentiero non motorizzato che attraversa gli Stati Uniti da costa a costa. Si divide in due percorsi nel Midwest. Il percorso settentrionale, che attraversa Chicago, copre 4.834 miglia (7.780 km), mentre quello meridionale, che attraversa St. Louis, copre 5.057 miglia (8.138 km). Complessivamente, l'ADT sarebbe lungo circa 6.800 miglia, il che lo renderebbe il terzo sentiero più lungo al mondo e il secondo più lungo degli Stati Uniti. L'ADT si collega a molti altri sentieri, tra cui l'Appalachian Trail, il Pacific Crest Trail e altri 50 sentieri nazionali panoramici e storici. Attraversa terreni diversi, tra cui città, paesi, foreste, montagne e deserti. L'ADT è ancora in fase di sviluppo e l'obiettivo finale è quello di creare un sentiero completamente fuoristrada. Per percorrere l'intero ADT a piedi occorre circa un anno.

Chapter 4

Eventi naturali inspiegabili e misteri

4.1 Il Taos Hum: un suono che fa impazzire le persone

- Il Taos Hum è un suono misterioso che gli abitanti di Taos, nel New Mexico, riferiscono di sentire dall'inizio degli anni '90. Le persone che sentono il Taos Hum lo descrivono in vari modi, tra cui un rombo basso o un ronzio simile al motore diesel al minimo, un leggero sibilo o ronzio simile a quello delle cicale, o un ronzio o un brusio. Alcuni lo descrivono anche come un rumore pulsante, un ronzio simile a quello di un trasformatore, un ronzio simile a quello di un aereo a elica e un rumore simile a quello di un peschereccio. Alcuni sostengono che il suono sia più forte all'interno, specialmente di notte, e che sembri provenire dal nulla. Altri affermano che il suono non cambi tonalità e sia udibile solo in ambienti silenziosi. Secondo quanto riferito, il ronzio è associato a vertigini, mal di testa, nausea, epistassi e diarrea.

- L'origine del ronzio di Taos rimane sconosciuta. Gli scienziati hanno avanzato molte teorie, ma nessuna di esse è in grado di spiegare completamente il fenomeno. Alcuni lo attribuiscono all'acufene o ad altri effetti biologici sull'udito. Altri ritengono che il ronzio sia causato dall'attività sismica o dai test militari statunitensi effettuati nelle vicinanze. Un'altra teoria è che il ronzio possa provenire da fonti meccaniche locali, come gli impianti industriali. Alcuni ritengono che il ronzio sia una forma di malattia psicogena di massa, nota anche come isteria di massa. Le leggende locali attribuiscono il ronzio a fonti più sinistre, come hippy drogati, esperimenti segreti di controllo mentale da parte del governo o basi UFO sotterranee.

Un gruppo di esperti dell'Università del New Mexico, del Los Alamos National Laboratory, del Philips Air Force Laboratory e dei Sandia National Laboratories ha studiato il ronzio di Taos nel 1993, ma i risultati non sono stati conclusivi.

4.2 Il Triangolo delle Bermuda: misteriose sparizioni di navi e aerei

- Il Triangolo delle Bermuda è una regione vagamente definita, approssimativamente triangolare, nell'Oceano Atlantico settentrionale occidentale. I suoi confini esatti non sono universalmente concordati, ma si ritiene generalmente che sia delimitato dalla costa sud-orientale degli Stati Uniti, dalle Bermuda e dalle isole delle Grandi Antille. L'area è nota per la misteriosa scomparsa di navi e aerei. Alcuni famosi aerei e navi che sono scomparsi nel Triangolo delle Bermuda includono:

- La scomparsa del volo 19. Il 5 dicembre 1945, cinque aerosiluranti TBM Avenger della Marina degli Stati Uniti con a bordo 14 membri dell'equipaggio decollarono dalla base aeronautica navale di Fort Lauderdale, in Florida, per un volo di addestramento alle Bahamas. La missione del volo era quella di esercitarsi nel bombardamento di una nave affondata. Dopo aver completato i bombardamenti, le bussole smisero di funzionare e l'equipaggio perse l'orientamento. La flotta trascorse le successive 3 ore e mezza alla ricerca della costa prima di perdere il contatto. Un idrovolante Martin PBM Mariner fu immediatamente inviato alla ricerca del volo scomparso, ma anche questo scomparve insieme ai suoi 13 membri dell'equipaggio. Il rapporto ufficiale della Marina concluse che il capo dell' , il tenente Charles C. Taylor, aveva scambiato delle piccole isole per le Florida Keys dopo che le sue bussole avevano smesso di funzionare. La causa del malfunzionamento delle bussole rimane sconosciuta.

- La scomparsa della USS Cyclops. La USS Cyclops era una nave della prima guerra mondiale e la più grande della Marina Militare dell'epoca. Questa gigantesca imbarcazione trasportava 306 membri dell'equipaggio e passeggeri, oltre a un pesante carico di minerale di manganese. Scomparve il 3 marzo 1918, mentre viaggiava dalle Barbados a Baltimora. Prevista per arrivare a Baltimora il 13 marzo 1918, la nave non raggiunse mai la sua destinazione. L'ultima posizione conosciuta era Barbados, e scomparve senza lasciare traccia, con l'ultimo messaggio conosciuto che recitava "Meteo sereno, tutto bene". La nave non inviò alcun SOS prima di scomparire, indicando che non c'era alcun pericolo apparente, e non fu mai ricevuta alcuna ulteriore comunicazione. Il relitto della Cyclops non è mai stato trovato e il 1° giugno 1918 il sottosegretario alla Marina Franklin D. Roosevelt dichiarò la nave perduta con tutto l'equipaggio deceduto. Alcuni sostennero che la nave fosse stata affondata da un U-Boot tedesco o da un incursore, ma le autorità tedesche dell'epoca negarono di esserne a conoscenza. Altri sospettano che la causa sia da ricercarsi nel Triangolo delle Bermuda, in cedimenti strutturali dovuti al pesante carico della nave o in un'esplosione inspiegabile. Il destino della Cyclops e la causa del suo affondamento rimangono un mistero.

- La scomparsa della Witchcraft. Il 22 dicembre 1967, un cabinato di 23 piedi chiamato *Witchcraft* scomparve misteriosamente al largo della costa della Florida. Il suo proprietario, Daniel S. Burack, era un magnate alberghiero e un esperto di yachting, e aveva invitato il reverendo Padraig Horgan a unirsi a lui in una breve crociera per vedere le luci di Natale lungo la costa della Florida. Verso le 21:00, Burack inviò un segnale di soccorso, segnalando che la *Witchcraft* aveva urtato qualcosa sott'acqua, ma non era in pericolo immediato di affondamento. La Guardia Costiera rispose entro 19 minuti all'ultima posizione segnalata dall'imbarcazione vicino alla boa n. 7 nel porto di Miami, ma l'imbarcazione, Burack e Horgan erano scomparsi. Nonostante una ricerca estesa su un'area di 24.500 miglia quadrate, compresa la zona del Triangolo delle Bermuda, non fu mai trovata alcuna traccia dell'imbarcazione o dei suoi passeggeri. La *Witchcraft* era dotata di dispositivi di galleggiamento che avrebbero dovuto impedirne l'affondamento, aggiungendo mistero alla sua scomparsa. Questo evento rimane irrisolto a distanza di decenni. Alcuni teorizzano che la scomparsa della nave sia stata causata da vortici che risucchiano oggetti in altre dimensioni, flatulenza oceanica o interruzioni nelle linee di flusso geomagnetico, mentre altri sostengono che gli extraterrestri abbiano portato la nave in una dimensione spaziale diversa. La causa esatta della scomparsa della Witchcraft rimane un mistero.

- Tuttavia, nonostante questi incidenti ben noti, altre persone ritengono che il collegamento tra il Triangolo delle Bermuda e le misteriose sparizioni sia una leggenda metropolitana. Le persone navigano ogni giorno in quella zona senza incidenti e non ci sono prove che le sparizioni misteriose avvengano più frequentemente lì che in altre zone dell'oceano molto trafficate. Qual è la tua opinione?

4.3 Fulmini globulari: una misteriosa luce fluttuante

- I fulmini globulari sono un fenomeno naturale raro, misterioso e poco conosciuto. Sono spesso descritti come sfere luminose che fluttuano sopra il suolo o si muovono in modo irregolare, lasciando talvolta scie fumose. I fulmini globulari durano in genere solo pochi secondi e sono spesso accompagnati da un sibilo e da un odore caratteristico. Sono stati segnalati da migliaia di persone, tra cui contadini nel Medioevo e lo zar Nicola II, e sono noti anche per aver causato danni attraverso incendi o fusioni. Alcuni casi famosi di fulmini globulari includono:

- La morte di Georg Richmann. Georg Wilhelm Richmann, un fisico tedesco baltico, fu ucciso da un fulmine globulare mentre conduceva un esperimento elettrico il 6 agosto 1753. Stava cercando di misurare la risposta di un'asta isolata a un temporale nelle vicinanze. Durante il temporale, una palla di fulmini saltò dalla barra e colpì Richmann alla fronte, uccidendolo all'istante. L'incidente causò anche un'esplosione che distrusse l'incisore di Richmann, spaccò il telaio della porta e strappò la porta dai cardini. Si ritiene che la morte di Richmann sia la prima vittima mortale registrata a causa di un fulmine globulare e il primo caso noto di qualcuno che muore mentre conduce esperimenti elettrici.

- Un giorno del giugno 1841, alle 18:00 ora locale, Lorenzo Butti, pittore marino dell'imperatrice d'Austria, fu allarmato dalle grida terrorizzate provenienti dalla Corsa dei Servi (strada centrale, oggi Corso Vittorio Emanuele II) nel centro di Milano, Italia. C'era un forte temporale e Butti guardò fuori dalla finestra e vide persone che correvano sotto la pioggia, in fuga da una palla di fulmini rosso-gialla. Volò all'altezza del secondo piano, salì più in alto, poi si schiantò contro la croce del campanile di una chiesa ed esplose. Butti scrisse della sua esperienza al fisico Arago.

- Negli anni '60, l'equipaggio di un aereo cargo C-133A in volo tra la California e le Hawaii assistette a un evento di fulmini globulari. Fu preceduto da un bagliore di fuoco di Sant'Elmo, una scarica elettrica causata dall'elettricità statica prodotta dal movimento dell'aereo nell'aria. Il fulmine globulare si formò sopra il divisorio metallico centrale tra i vetri del finestrino del pilota e fluttuò lentamente verso il basso nella cabina di pilotaggio. Poi ha virato a sinistra verso la porta della sala equipaggio prima di virare a destra verso il sedile del responsabile del carico. Tutti e cinque i membri dell'equipaggio hanno assistito all'evento e hanno confermato di aver visto la stessa cosa. L'ingegnere e il responsabile del carico hanno ispezionato l'aereo ma non hanno trovato alcun danno. Il volo si svolgeva in uno strato di nuvole simile alla nebbia, senza turbolenze. All'esterno dell'aereo non si vedevano fulmini e il radar non mostrava nuvole.

- Gli scienziati non sono ancora riusciti a ricreare con successo i fulmini globulari in condizioni di laboratorio. Alcune teorie prevalenti includono l'ipotesi del silicio, secondo la quale quando un fulmine colpisce un terreno ricco di silicio, si verifica una reazione chimica che crea una sfera luminosa. In alternativa, la teoria Maser-Soliton ipotizza che i fulmini globulari all'aperto siano causati da un maser atmosferico, un fenomeno simile al laser ma che opera a un livello di energia molto più basso. La causa esatta dei fulmini globulari rimane un mistero.

4.4 L'evento di Tunguska: il più grande impatto mai registrato nella storia

- Il 30 giugno 1908, si verificò una massiccia esplosione in Siberia, Russia. L'esplosione fu stimata equivalente a 10-40 megatoni di TNT, ovvero migliaia di volte più potente della bomba atomica di Hiroshima. L'esplosione avvenne nella taiga siberiana orientale, vicino al fiume Podkamennaya Tunguska, e abbatté circa 80 milioni di alberi su una superficie di 830 miglia quadrate (2.150 chilometri quadrati) di foresta. Generò una potente onda d'urto udibile fino a 620 miglia (1.000 chilometri) di distanza e registrò onde sismiche fino in Inghilterra. Inoltre, l'esplosione ha creato un bagliore luminoso che ha illuminato il cielo sopra la Siberia e parti dell'Europa. Testimoni oculari hanno riferito di aver visto una luce accecante, di aver sentito un rumore fragoroso e di aver avvertito un calore intenso che bruciava la loro pelle. Gli unici resti dell'oggetto frantumato erano alcuni minuscoli frammenti, ciascuno delle dimensioni inferiori a un millimetro. La causa dell'esplosione rimane sconosciuta e ci sono poche prove della sua origine. La teoria principale indica un asteroide o una cometa; tuttavia, non sono stati trovati crateri o resti di meteoriti. Gli scienziati ritengono che l'oggetto sia esploso a un'altitudine di 3-6 miglia (5-10 chilometri) nell'atmosfera, causando un'esplosione d'aria.

- Il 15 febbraio 2013, una meteora è esplosa sopra Chelyabinsk, in Russia, fornendo ai ricercatori nuove informazioni sull'evento di Tunguska del 1908. Utilizzando moderni modelli computerizzati, riprese video e mappe dei danni, gli scienziati hanno determinato che la meteora di Chelyabinsk era un asteroide roccioso delle dimensioni di un edificio di cinque piani. Si è frammentata a 15 miglia (24 chilometri) dal suolo, generando un'onda d'urto equivalente a un'esplosione di 550 kilotoni. L'esplosione ha frantumato un milione di finestre e ferito oltre un migliaio di persone, ma non è stata abbastanza potente da abbattere alberi o edifici. Gli scienziati stimano che impatti di questo tipo si verifichino all'incirca ogni 10-100 anni. L'evento di Chelyabinsk ci aiuta a capire cosa potrebbe essere successo il giorno dell'esplosione di Tunguska.

4.5 Luci di Hessdalen: le luci più misteriose della Terra

- Le luci di Hessdalen sono un fenomeno che è stato segnalato nella valle di Hessdalen almeno dagli anni '30. Le luci possono apparire in vari colori, tra cui bianco, giallo e rosso. Possono apparire sia sopra che sotto l'orizzonte e possono fluttuare attraverso e sopra la valle. Le luci possono apparire per pochi secondi o per oltre un'ora e possono muoversi a velocità variabili, da estremamente veloce a un lento movimento ondeggiante. Possono anche librarsi a mezz'aria. L'attività è stata particolarmente intensa tra il 1981 e il 1984, con avvistamenti che si verificavano 15-20 volte a settimana. Da allora, il numero di avvistamenti è diminuito. Sono stati avviati diversi progetti per studiare le luci, tra cui il "Progetto Hessdalen" e il "Progetto Triangolo". La Stazione di Misurazione Automatica di Hessdalen (Hessdalen AMS) è stata fondata nel 1998 per registrare le luci.

- Nonostante le indagini degli scienziati, l'origine delle misteriose luci rimane sconosciuta. Uno studio recente suggerisce che il fenomeno potrebbe essere attribuito alla combustione delle polveri sospese nell'aria provenienti dalle attività minerarie nella zona, poiché Hessdalen possiede grandi giacimenti di scandio . L'analisi ha identificato idrogeno, ossigeno e altri elementi, tra cui il titanio, all'interno delle luci. Tuttavia, il meccanismo esatto alla base di questo fenomeno rimane ancora incomprensibile.

4.6 La scomparsa del lago Anjikuni: il mistero irrisolto della scomparsa di un villaggio Inuit

- In una fredda giornata di novembre del 1930, il cacciatore di pellicce Joe Labelle arrivò in un villaggio Inuit vicino al lago Anjikuni, nel Manitoba, in Canada, aspettandosi un caloroso benvenuto come visitatore abituale. Tuttavia, trovò il villaggio deserto, con le tende ancora in piedi, il cibo che cuoceva sui fuochi e oggetti personali come vestiti non finiti lasciati sul posto, il che suggeriva una partenza affrettata. Ad aggiungere mistero alla vicenda, una tomba appena scavata appariva smossa e diversi cani da slitta furono trovati morti. Nonostante le ricerche della North-West Mounted Police, non furono rinvenuti corpi né prove della sorte dei villaggi. Inoltre, nonostante l'improvvisa scomparsa, la squadra di ricerca non trovò segni di lotta o violenza nel villaggio. Tuttavia, i membri della Royal Canadian Mounted Police (RCMP) riferirono di aver visto luci pulsanti nel cielo sopra il lago Anjikuni durante le loro ricerche, portando gli appassionati di UFO a ipotizzare che gli abitanti del villaggio potessero essere stati rapiti dagli alieni. La storia ottenne grande attenzione dopo che il giornalista Emmett E. Kelleher la riportò sul quotidiano Danville Bee, e in seguito fu citata in libri come "Stranger than Science" di Frank Edwards. Alcuni accusarono Kelleher di aver abbellito i dettagli e, a causa della mancanza di prove, la RCMP archiviò il caso nel 1931.

4.7 La Mary Celeste: la nave fantasma

- La Mary Celeste era una nave costruita in Canada e registrata negli Stati Uniti, trovata abbandonata nell'Oceano Atlantico nel 1872. Il destino dei suoi 10 membri dell'equipaggio scomparsi rimane uno dei misteri marittimi più duraturi. Costruita in Canada nel 1861 e originariamente chiamata Amazon, la Mary Celeste fu successivamente venduta a un americano e subì diverse modifiche strutturali. Il 7 novembre 1872, la Mary Celeste salpò da New York City, diretta a Genova, in Italia, con a bordo 1.701 barili di alcol. Il capitano Benjamin Briggs, sua moglie Sarah e la loro figlia di due anni Sophia erano a bordo, ma il loro figlio di sette anni, Arthur, era rimasto a New York. Il 4 dicembre 1872, il brigantino canadese Dei Gratia trovò la Mary Celeste alla deriva nell'Oceano Atlantico. La nave era intatta, in grado di navigare e ancora parzialmente a vela. Il suo carico di 1.701 barili di alcol denaturato era intatto, ma l'equipaggio e la loro scialuppa di salvataggio erano scomparsi. L'ultima annotazione nel diario di bordo risaliva a 10 giorni prima del ritrovamento e la nave era ancora ben rifornita. Tra le teorie sulla scomparsa dell'equipaggio figurano la polvere di carbone e i detriti di costruzione che avrebbero intasato le pompe della nave, oppure l'abbandono della nave da parte del capitano Briggs a causa dell'incertezza sulla sua navigabilità. Altre teorie includono un falso allarme che ha portato a un'evacuazione non necessaria, un'esplosione causata dai vapori dell'alcol, una tromba marina che ha spazzato via l'equipaggio e un attacco pirata. Sebbene le indagini scientifiche favoriscano la teoria dell'esplosione, che avrebbe costretto l'equipaggio ad abbandonare la nave , il mistero della Mary Celeste probabilmente non sarà mai completamente risolto.

4.8 Luci sismiche: misteriose luci che accompagnano le scosse

- Le luci sismiche, note anche come fulmini sismici o lampi sismici, sono fenomeni ottici luminosi che possono apparire nel cielo prima, durante o in prossimità di un terremoto. Possono anche accompagnare eruzioni vulcaniche o stress tettonico. Le luci sismiche si verificano poco prima o durante un evento sismico, fino a 370 miglia (600 chilometri) dall'epicentro del terremoto e sulle o vicino alle valli di rift. Possono manifestarsi come sfere di luce, lampi a nastro, strisce luminose, bagliori costanti o fiamme bluastre. Possono anche assomigliare a fulmini luminosi che emanano dal suolo e si estendono fino a 650 piedi (200 metri). Le luci sismiche sono tipicamente di colore da bianco a bluastro, ma possono comprendere una gamma più ampia di colori. Possono durare da una frazione di secondo a decine di minuti. Sono più comuni in Italia, Grecia, Francia, Germania, Cina e in alcune parti del Sud America. Di seguito sono riportati alcuni esempi di grandi terremoti accompagnati da luci sismiche:

- Il 15 agosto 2007, lampi di luce brillante hanno illuminato il cielo prima del terremoto di magnitudo 8,0 a Pisco, in Perù. Le telecamere di sicurezza e le registrazioni sismiche hanno catturato il momento preciso e la posizione dei lampi di luce. Il 6 aprile 2009, fiamme di luce alte quattro pollici hanno illuminato una strada di pietra prima del terremoto di magnitudo 6,3 a L'Aquila, in Italia. Il 7 settembre 2021, luci blu, simili a lampi cerulei, hanno illuminato il cielo notturno durante il terremoto di magnitudo 7,0 ad Acapulco, in Messico. Il 6 febbraio 2023, diverse luci sono apparse continuamente durante il terremoto di magnitudo 7,8 in Turchia e Siria. Durante il terremoto di magnitudo 6,9 a Marrakech-Safi in Marocco nel 2023, sono stati avvistati lampi di luce blu durante tutta la scossa.

- Alcuni sostengono che le luci dei terremoti siano causate dallo stress tettonico che rompe gli atomi di ossigeno all'interno delle rocce, che poi fluiscono verso la superficie e ionizzano le sacche d'aria, formando un gas carico. Tuttavia, non esiste un ampio consenso sulla causa delle luci dei terremoti. Alcuni scienziati dubitano della validità di qualsiasi segnalazione, mentre altri ritengono che almeno alcune segnalazioni corrispondano plausibilmente alle luci dei terremoti. Alcune segnalazioni sono state persino collegate ad archi elettrici causati dalle linee elettriche in vibrazione.

4.9 Le foreste inspiegabili

- La foresta storta in Polonia è un boschetto di 400 pini situato nel villaggio di Nowe Czarnowo, vicino alla città di Gryfino nella Pomerania occidentale, in Polonia. Gli alberi sono piegati ad angolo retto alla base, formando una J, prima di ricurvarsi nuovamente per crescere dritti verso l'alto. Nonostante le loro curve insolite, gli alberi sono per lo più sani e crescono fino a 15 metri di altezza. Gli alberi sono un monumento naturale protetto e una popolare attrazione turistica. Ci sono molte teorie su come gli alberi abbiano acquisito la loro forma unica. Alcuni credono che i guardaboschi abbiano piegato intenzionalmente gli alberi per creare legname curvo per mobili d' e o per la costruzione di barche. Altri sostengono che la neve pesante o la forza di gravità possano aver appesantito gli alberi durante la loro crescita. Alcune teorie suggeriscono addirittura che la crescita degli alberi possa essere il risultato di una mutazione genetica o dell'atterraggio di un UFO. Nonostante le numerose ipotesi, il mistero della Foresta Storta non è mai stato risolto in modo definitivo.

- La Foresta Danzante in Russia è una pineta nell'Oblast di Kaliningrad, in Russia, situata sulla duna Kruglaya della Penisola di Curlandia, tra il Mar Baltico e la Laguna di Curlandia. È nota per i suoi alberi insolitamente contorti, che sono piegati in forme come anelli, cuori e spirali. La causa esatta della deformazione degli alberi è sconosciuta, ma alcune possibili spiegazioni includono l'attività dei bruchi, i campi geomagnetici della zona e la manipolazione umana. Una leggenda locale sostiene che gli alberi siano stati fatti danzare per dimostrare il potere del Dio cristiano. La Foresta Danzante è diventata una popolare fonte di speranza, con alcuni che credono che arrampicarsi attraverso uno degli anelli possa aggiungere un anno alla vita di una persona o esaudire un desiderio.

Chapter 5

L'affascinante universo

5.1 Le meraviglie della gravità

- La gravità è una forza fondamentale che modella l'universo. È la forza primaria che determina la forma degli oggetti nell'universo, attirando la materia per formare sfere. Questo è il motivo per cui i pianeti, le stelle e altri oggetti di grandi dimensioni sono rotondi.

- La gravità è la più debole delle quattro forze fondamentali (gravità, elettromagnetismo, forza nucleare forte e forza nucleare debole) dell'universo. Ad esempio, un piccolo magnete può superare l'attrazione gravitazionale dell'intera Terra per sollevare una graffetta. Tuttavia, la gravità ha una portata infinita e svolge un ruolo cruciale nella formazione della struttura dell'universo.

- Mentre la massa, una proprietà fondamentale della materia, rimane costante indipendentemente dalla posizione o dalla gravità, il peso può variare in base alle diverse forze gravitazionali. Ad esempio, un peso di calibrazione di 100 chilogrammi avrebbe la stessa massa sia sulla Terra che su Marte, ma il suo peso sarebbe di 100 chilogrammi sulla Terra e solo 37,7 chilogrammi su Marte.

- Secondo la teoria della relatività generale di Einstein, la gravità viaggia alla velocità della luce, che è di circa 299.792 chilometri al secondo. Se il Sole scomparisse improvvisamente, ci vorrebbero 8 minuti perché la Terra percepisse la perdita della sua forza gravitazionale: lo stesso tempo impiegato dalla luce solare per raggiungerci.

- Le onde gravitazionali sono increspature nello spazio-tempo causate da alcuni degli eventi più energetici e violenti dell'universo, come la collisione di buchi neri, la collisione di stelle di neutroni o le supernove (stelle massicce che esplodono alla fine della loro vita). Invisibili all'occhio umano, le onde gravitazionali, come la gravità stessa, viaggiano alla velocità della luce (299.792 chilometri al secondo), comprimendo e allungando qualsiasi cosa si trovi sul loro percorso mentre si propagano. Possono attraversare la materia senza essere disperse o ostacolate, trasportando preziose informazioni sugli oggetti e sugli eventi che le hanno generate. Gli scienziati possono utilizzare le onde gravitazionali per studiare le origini dell'universo.

5.2 La natura affascinante del tempo: è un'illusione?

- Sebbene il tempo appaia lineare, in realtà possiamo vedere la luce del passato perché la luce impiega del tempo per raggiungere la Terra. Più un oggetto è lontano, più tempo impiega la sua luce per raggiungerci, il che significa che la luce è più vecchia al momento dell'arrivo. Ad esempio, la radiazione cosmica di fondo, la luce più lontana che possiamo vedere, è la radiazione residua del Big Bang, avvenuto circa 13,8 miliardi di anni fa. Vediamo il Sole com'era circa 8 minuti fa perché questo è il tempo che impiega la luce solare per raggiungere la Terra. Allo stesso modo, vediamo Giove com'era circa 48 minuti fa e Vega com'era 25 anni fa. Le stelle entro 4.000 anni luce da noi appaiono come erano fino a 4.000 anni fa. È persino possibile che alcune stelle che vediamo stasera non esistano più, poiché la loro luce ha impiegato anni per raggiungerci.

- Un osservatore in movimento percepisce il tempo più lentamente rispetto a un osservatore fermo. Ad esempio, gli astronauti sulla Stazione Spaziale Internazionale (ISS), che viaggia a circa 28.000 chilometri all'ora, invecchiano 0,007 secondi più lentamente rispetto alle persone sulla Terra per ogni 30 minuti trascorsi nello spazio. Quindi, se volete rimanere giovani più a lungo, prendete in considerazione un viaggio interstellare!

- Se dovessimo viaggiare verso una stella distante 10 anni luce alla velocità della luce, il tempo sembrerebbe congelarsi. In altre parole, il viaggio ci sembrerebbe quasi istantaneo, ma sulla Terra sarebbero trascorsi 10 anni. Tuttavia, man mano che ci avviciniamo alla velocità della luce, la nostra massa aumenta in modo significativo, avvicinandosi alla fine all'infinito. Poiché anche l'energia necessaria per spingerci diventerebbe infinita, non potremo mai raggiungere veramente la velocità della luce.

- Nel 2000, l'ex professore di fisica dell'Università del Connecticut Ronald Mallett ha proposto che un laser ad anello potesse piegare lo spazio-tempo in misura sufficiente da consentire il viaggio nel tempo. Un laser ad anello, creato generando un fascio di luce rotante continuo, potrebbe teoricamente produrre un campo gravitazionale simile a quello di un buco nero attraverso la sua luce concentrata e rotante. Questo campo potrebbe, in teoria, creare loop temporali o "curve temporali chiuse", consentendo di viaggiare indietro nel tempo. Mallett ha iniziato a testare l'idea nel 2019, ma deve ancora dimostrare la sua ipotesi.

5.3 I misteriosi buchi neri

- I buchi neri sono regioni dello spazio in cui la gravità è così forte da deformare lo spazio-tempo, impedendo persino alla luce di sfuggire. Questi oggetti incredibilmente densi racchiudono un'enorme quantità di massa in un volume minuscolo. I buchi neri si formano spesso quando stelle massicce collassano alla fine del loro ciclo di vita.

- I buchi neri hanno dimensioni che variano da quelle di un atomo a milioni di volte la massa del sole. Esistono almeno tre tipi di buchi neri: 1) Buchi neri primordiali, che si ritiene si siano formati nei primi istanti dopo il Big Bang. Possono essere piccoli come un atomo, ma con la massa di una grande montagna. 2) Buchi neri stellari. Si sono formati dal collasso di stelle massicce, che possono avere una massa fino a 20 volte quella del Sole. 3) Buchi neri supermassicci. Sono i più grandi, con una massa pari a milioni o miliardi di volte quella del Sole. Si trovano al centro della maggior parte delle grandi galassie, compresa la nostra Via Lattea, che ospita un buco nero supermassiccio, Sagittarius A*, con una massa pari a circa 4,3 milioni di soli. Il buco nero più grande conosciuto nell'universo è TON 618, con una massa pari a circa 40 miliardi di volte quella del nostro sole e situato a 10 miliardi di anni luce dalla Terra.

- La dimensione dell'orizzonte degli eventi di un buco nero, noto anche come raggio di Schwarzschild, è direttamente proporzionale alla sua massa. Se la Terra fosse compressa in un buco nero, il suo orizzonte degli eventi avrebbe all'incirca le dimensioni di una biglia (da 0,2 a 0,8 pollici, ovvero da 0,5 a 2 centimetri di diametro).

- I buchi neri possono fondersi per formare un unico buco nero più grande. Questo processo è estremamente violento e rilascia un'enorme quantità di energia. La collisione crea increspature nel tessuto dell' e dello spazio-tempo, note come onde gravitazionali. Nel 2015, gli scienziati, utilizzando il rilevatore LIGO, hanno osservato per la prima volta la fusione di buchi neri binari di massa stellare. Questa fusione ha prodotto un buco nero con una massa circa 62 volte quella del Sole.

- Se cadessi in un buco nero, subirai la "spaghettificazione": il tuo corpo verrebbe allungato in un filo lungo e sottile a causa dell'immensa forza gravitazionale. La parte del tuo corpo più vicina al buco nero subirebbe una forza significativamente più forte rispetto alla parte più lontana, essenzialmente lacerandoti prima ancora di raggiungere l'orizzonte degli eventi (il punto di non ritorno). Inoltre, a causa della dilatazione temporale gravitazionale, man mano che ti avvicini al buco nero, il tempo sembrerebbe rallentare per te rispetto a un osservatore esterno. A un osservatore che ti guarda cadere nel buco nero, apparirai sempre più sfocato e sbiadito man mano che ti avvicini all'orizzonte degli eventi, fino a scomparire dalla vista.

- Gli scienziati stimano che nella Via Lattea ci siano circa 100 milioni di buchi neri, ma solo poche decine sono stati identificati. Questa discrepanza deriva dal fatto che i buchi neri sono intrinsecamente difficili da rilevare, poiché non emettono luce. Gli astronomi possono tuttavia rilevare i buchi neri osservando la deflessione della luce stellare quando passa vicino al campo gravitazionale di un buco nero. Il buco nero più vicino alla Terra è Gaia BH1, situato a 1.560 anni luce di distanza.

5.4 Materia oscura ed energia oscura: l'universo è per lo più oscuro ai nostri occhi

- La materia oscura è invisibile perché non interagisce con la luce o altre forme di radiazione elettromagnetica. Ciò significa che non assorbe, riflette o emette luce, rendendola impercettibile (quindi "oscura") per noi. Tuttavia, la materia oscura ha forze gravitazionali e la sua gravità influenza il movimento delle galassie e delle stelle; è così che sappiamo che esiste.

- La materia oscura costituisce oltre l'80% della massa totale dell'universo. Sebbene invisibile, la materia oscura agisce come una colla, svolgendo un ruolo chiave nella formazione e nella distribuzione delle galassie. Senza la materia oscura, le galassie si disperderebbero a causa della velocità con cui si muovono.

- La materia oscura, a differenza della materia normale come le stelle e i pianeti, non è composta da atomi. Gli scienziati ipotizzano che la materia oscura sia costituita da particelle subatomiche ancora da scoprire, anche se la sua esatta composizione rimane un mistero.

- L'energia oscura è una forza misteriosa che guida l'espansione accelerata dell'universo, allontanando le galassie e alimentando questa espansione. A volte viene definita "antigravità" perché contrasta la forza di gravità, che attira le galassie l'una verso l'altra.

- L'energia oscura costituisce circa il 68% del contenuto energetico totale dell'universo. È distribuita uniformemente in tutto l'universo, sia nello spazio che nel tempo. Questa distribuzione uniforme significa che influisce sull'universo nel suo complesso.

- Sebbene l'energia oscura e la materia oscura siano entrambe invisibili, hanno effetti diversi sull'universo. La materia oscura attira le galassie, mentre l'energia oscura le allontana.

- Insieme, l'energia oscura e la materia oscura costituiscono la maggior parte dell'universo, circa il 95%. Solo il 5% circa dell'universo è costituito dalla materia "normale" che compone le stelle, le galassie e i pianeti. L'universo è per lo più oscuro per noi!

5.5 L'affascinante cielo notturno: uno sguardo più da vicino

- Ci sono circa 9.000 stelle visibili nel cielo notturno e, in una notte senza luna con un inquinamento luminoso minimo proveniente dalle città, l'occhio nudo può vederne circa 5.000-6.000. Queste stelle di solito non distano più di 10.000 anni luce (un anno luce è la distanza percorsa dalla luce in un anno, ovvero 5,879 trilioni di miglia) e la maggior parte delle stelle è ancora viva quando la loro luce raggiunge la Terra. In confronto, nella nostra galassia, la Via Lattea, ci sono circa 100 miliardi di stelle e gli astronomi stimano che nell'universo osservabile ci siano circa 200 miliardi di trilioni di stelle!

- Con un piccolo telescopio in grado di rilevare stelle più deboli (ad esempio, stelle di magnitudine 10; più grande è il numero, più debole è la stella, e l'occhio umano può vedere fino alla magnitudine 6), possiamo vedere oltre 140.000 stelle nel cielo notturno. Alcune di queste stelle sono così lontane dalla Terra che potrebbero essere già morte quando la loro luce ci raggiunge.

- Le stelle sono gigantesche sfere di gas caldo, principalmente idrogeno, con un po' di elio e piccole quantità di altri elementi. Il colore di una stella indica la sua temperatura superficiale, con le stelle blu che sono le più calde. Man mano che la temperatura di una stella aumenta, il suo colore cambia da rosso a arancione, a giallo, a bianco e infine a blu. Le stelle rosse sono le più fredde, con temperature di circa 3.800 °C. Le stelle arancioni hanno temperature di circa 4.500 °C. Il nostro Sole è una stella gialla, con una temperatura superficiale di circa 6.000 °C. Le stelle blu hanno temperature superficiali superiori a 10.000 °C e le stelle blu più calde, note come supergiganti blu, possono raggiungere temperature superiori a 40.000 °C.

- Le stelle blu sono anche le stelle più grandi e massicce della galassia, il che le rende visibili nel cielo anche quando sono molto lontane. Una delle supergiganti blu più famose nel cielo notturno è Rigel, la stella più luminosa della costellazione di Orione (il "cacciatore"). La temperatura superficiale di Rigel è di circa 11.600 °C, molto più calda del Sole. Gli scienziati stimano che Rigel abbia una luminosità incredibile, pari a 120.000 volte quella del nostro Sole, ma a causa della sua distanza da noi (863 anni luce), è solo la settima stella più luminosa nel cielo notturno.

- La gigante rossa più luminosa del cielo notturno, Arcturus, si trova nella costellazione di Boötes (il "pastore") e dista circa 37 anni luce dalla Terra. Quarta stella più luminosa del cielo notturno, Arcturus deriva il suo nome (che significa "custode dell'orso") dalla sua posizione vicino alla costellazione dell'Orsa Maggiore (la "grande orsa"). Nonostante abbia solo 1,5 volte la massa del Sole, Arcturus brilla 113 volte di più e rilascia 215 volte più calore a causa delle sue immense dimensioni. Si stima che Arcturus abbia 7 miliardi di anni e si stia avvicinando alla fine della sua vita stellare. Alla fine si trasformerà in una nana bianca, una stella piccola e incredibilmente densa, una volta esaurito il suo combustibile nucleare.

- Sirio è la stella più luminosa del cielo notturno ed è visibile sia dall'emisfero settentrionale che da quello meridionale. Situata nella costellazione del Cane Maggiore (Canis Major), Sirio è anche conosciuta come Stella del Cane o Sirio A. Si trova a circa 8,6 anni luce dalla Terra e ha una magnitudine apparente di -1,46. Il suo nome, derivato dal greco, significa "splendente". Sirio è più visibile nei mesi invernali nell'emisfero settentrionale. Solo pochi pianeti, la luna piena e la Stazione Spaziale Internazionale superano Sirio in luminosità quando sono sopra l'orizzonte. È possibile trovare Sirio seguendo la linea delle stelle della cintura di Orione (il "cacciatore") verso il basso, in direzione sud-est.

- La seconda stella più luminosa nel cielo notturno è Canopo. Ha una magnitudine visiva di -0,74 e si trova a 310 anni luce dalla Terra. Situata nella costellazione meridionale della Carina (la "chiglia della nave"), Canopo è visibile principalmente nell'emisfero sud. La sua visibilità è limitata dalla latitudine e le persone che vivono a 37 gradi nord o più, come la maggior parte degli Stati Uniti, dell'Europa e del Canada, non possono vedere Canopo perché rimane sotto l'orizzonte. Nella mitologia greca, Canopo era il pilota della nave del re Menelao di Sparta durante la guerra di Troia, mentre nella cultura cinese Canopo è associato alla longevità.

5.6 Visitatori celesti: comete spettacolari e piogge di meteoriti

Comete

- Le comete sono corpi celesti costituiti da ghiaccio, gas e polvere, con lunghe code. Sono i resti della formazione del nostro sistema solare circa 4,6 miliardi di anni fa e talvolta vengono chiamate "palle di neve sporche". Le comete potrebbero aver portato acqua e composti organici sulla Terra primordiale e in altre parti del sistema solare, che potrebbero essere gli elementi costitutivi della vita.

- Secondo le stime della NASA del 2023, nel nostro sistema solare sono note circa 3.743 comete. Tuttavia, gli astronomi ritengono che ci siano miliardi di altre comete che orbitano attorno al Sole nella fascia di Kuiper e nella nube di Oort, che si trovano oltre Nettuno e Plutone. Halley è la cometa più conosciuta, con un ciclo regolare di 76 anni attorno al Sole. È stata avvistata l'ultima volta nei cieli terrestri nel 1986 e tornerà nel 2061. Di seguito sono riportate le spettacolari comete che saranno visibili nel 2024 e nel 2025.

- Una delle comete più spettacolari visibili dalla Terra nel 2024 è la C/2023 A3 (Tsuchinshan-ATLAS). Questa cometa ha raggiunto il suo perielio (il punto più vicino al Sole) il 27 settembre 2024, con una luminosità di magnitudine 2,9. Entro il 12 ottobre 2024, sarà al suo massimo avvicinamento alla Terra, brillando con una magnitudine impressionante di -4. Questo la renderà paragonabile alla luminosità di Venere! La cometa sarà inizialmente visibile nel cielo mattutino dell'emisfero meridionale con un binocolo o ad occhio nudo. Diventerà uno spettacolo affascinante nell'emisfero settentrionale dopo il 14 ottobre 2024. Il momento migliore per osservarla sarà poco dopo il tramonto, quando la cometa sarà visibile nel cielo occidentale fino al 24 ottobre 2024 circa.

- Un'altra cometa luminosa che dovrebbe apparire nel 2024 è la A11bP7I, o C/2024 S1 (ATLAS). Questa cometa raggiungerà il perielio il 28 ottobre 2024 e potrebbe diventare più luminosa di Venere, forse visibile anche durante il giorno. Appartiene alle Kreutz sungrazers, un gruppo di comete che passano estremamente vicine al Sole. La vista migliore sarà dall'emisfero sud nel cielo serale. Se A11bP7I sopravviverà al suo incontro ravvicinato con il Sole, sarà poi visibile alle medie latitudini settentrionali durante la mattina, offrendo un'altra possibilità di osservazione.

- Più avanti nell'anno, la cometa periodica 333P/LINEAR della famiglia di Giove raggiungerà il suo perielio il 29 novembre 2024. Con una luminosità di magnitudine 9,8, questa cometa sarà osservabile con un binocolo di grandi dimensioni o un piccolo telescopio (i nostri occhi nudi possono vedere solo fino alla magnitudine 6 e non saranno in grado di vederla). Entro il 9 dicembre 2024 raggiungerà il punto di massima vicinanza alla Terra, diventando leggermente più luminosa. Questa cometa sarà visibile in entrambi gli emisferi, offrendo agli astronomi dilettanti una buona opportunità per osservarla.

- Il 13 gennaio 2025, la cometa C/2024 G3 (ATLAS) raggiungerà il perielio con una luminosità potenziale di magnitudine -2,0. Al suo massimo avvicinamento alla Terra, potrebbe raggiungere la magnitudine -1,8, rendendola visibile ad occhio nudo anche durante le ore diurne. Tuttavia, il destino della cometa rimane incerto, poiché potrebbe non sopravvivere al suo viaggio intorno al Sole. Se lo farà, sarà visibile nell'emisfero settentrionale prima del perielio e in quello meridionale dopo. La sua vicinanza al Sole nel cielo durante questi periodi renderà difficile la sua osservazione.

Piogge di meteoriti

- Le piogge di meteoriti si verificano quando la Terra attraversa i detriti lasciati da comete e asteroidi. Quando questi detriti bruciano nell'atmosfera terrestre, creano scie luminose abbaglianti nel cielo. Ogni anno si verificano oltre 100 piogge di meteoriti, di cui circa 30 sono visibili dalla Terra. Alcune sono brevi e durano solo pochi anni, mentre altre si verificano ogni anno. Le piogge di meteoriti più straordinarie, note come tempeste di meteoriti, appaiono nei nostri cieli solo una o due volte nella vita. Di seguito sono riportate alcune delle piogge di meteoriti più spettacolari.

- Le Orionidi, una pioggia di meteoriti che si irradia dalla costellazione di Orione (il "Cacciatore"), sono considerate dalla NASA "una delle piogge più belle dell'anno". Hanno origine dai detriti della cometa di Halley e raggiungono tipicamente il loro picco alla fine di ottobre. Nel 2024, le Orionidi raggiungeranno il loro picco nella notte tra il 20 e il 21 ottobre, con il momento migliore per l'osservazione dopo la mezzanotte. Sotto un cielo buio, ci si può aspettare di vedere una media di 20 meteore all'ora, con la possibilità di arrivare fino a 50-75 durante il picco di attività.

- Le Perseidi, una pioggia di meteoriti che si irradia dalla costellazione di Perseo (l'"Eroe"), sono causate dal passaggio della Terra attraverso i detriti lasciati dalla cometa Swift-Tuttle, nota come nube delle Perseidi. Osservate per la prima volta circa 2000 anni fa, le Perseidi sono visibili a metà agosto e raggiungono il picco tra l'8 e il 14 agosto. Il momento migliore per osservarle è nelle prime ore del mattino, quando la luce della luna è meno invadente. Le Perseidi sono una delle piogge più abbondanti e gli osservatori possono aspettarsi di vedere circa 50-100 meteore all'ora durante il picco di attività.

- Le Gemellidi, una pioggia di meteoriti che si irradia dalla costellazione dei Gemelli, sono una delle piogge di meteoriti annuali più affidabili e spettacolari. Sono visibili ogni anno dal 19 novembre al 16 dicembre circa, con il picco a metà dicembre, in genere intorno al 13 e 14 dicembre. Osservate per la prima volta a metà del 1800, le prime Geminidi producevano solo una modesta quantità di 10-20 meteore all'ora; tuttavia, nel corso del tempo, questo numero è cresciuto fino a raggiungere le 120 meteore all'ora in condizioni ideali, rendendo le Geminidi una delle principali piogge di meteoriti. A differenza della maggior parte delle piogge di meteoriti che hanno origine dalle comete, le Geminidi provengono da un asteroide chiamato 3200 Phaethon. I suoi meteoroidi sono più densi della tipica polvere cometaria, il che rende le meteore delle Geminidi particolarmente luminose, veloci e di un colore giallo distintivo. Il momento migliore per osservare le Geminidi è durante la notte e le ore che precedono l'alba a metà dicembre. La pioggia è visibile in tutto il mondo, con un picco di visibilità che inizia intorno alle 21:00 o alle 22:00. Per godere della vista migliore, cercate un luogo lontano dalle luci della città e date ai vostri occhi circa 30 minuti per abituarsi al buio.

- Le Leonidi, una pioggia di meteoriti che si irradia dalla costellazione del Leone, sono una pioggia di meteoriti annuale, anche se in genere producono un numero più modesto di 15 meteoriti all'ora. Le Leonidi hanno origine dalla cometa 55P/Tempel-Tuttle, che impiega 33 anni per orbitare attorno al Sole. Questa pioggia di meteoriti sarà attiva tra il 3 novembre e il 2 dicembre 2024, con un picco il 16 novembre. Le Leonidi sono note per i loro meteoriti luminosi, colorati e veloci, che viaggiano a una velocità sorprendente di 71 chilometri al secondo! Ogni 33 anni, le Leonidi possono produrre una spettacolare tempesta meteorica, con migliaia di meteore all'ora. La tempesta più famosa si è verificata nel 1966, quando sono state osservate migliaia di meteore al minuto, mentre l'ultima tempesta ha avuto luogo nel 2002. Le Leonidi sono note anche per la produzione di palle di fuoco, esplosioni di luce e colore causate da particelle più grandi di materiale cometario, e per le meteore che sfiorano la Terra, che rasentano l'orizzonte lasciando lunghe scie colorate. Il momento migliore per osservare le Leonidi è dopo mezzanotte da un luogo buio. Assicuratevi di guardare lontano dalla costellazione del Leone per godervi meteore più lunghe e spettacolari.

- Le Quadrantidi, una pioggia di meteoriti che ha origine dalla vecchia costellazione Quadrans Muralis (il "quadrante murale"), ora parte della moderna costellazione Bootes (il "pastore"), sono una delle piogge di meteoriti annuali più impressionanti. Come le Geminidi, le Quadrantidi hanno origine da un asteroide, il 2003 EH1, piuttosto che da una cometa. La pioggia di meteoriti delle Quadrantidi sarà attiva dal 12 dicembre 2024 al 12 gennaio 2025, con un picco intorno al 3 gennaio 2025. Questa pioggia di meteoriti ha un picco particolarmente breve, della durata di sole sei ore circa, perché la Terra attraversa il suo flusso meteorico con un angolo perpendicolare. Durante il picco, in condizioni ideali, gli osservatori possono aspettarsi di vedere da 60 a 200 meteoriti all'ora. Come le Leonidi, anche le Quadrantidi sono note per produrre bolidi luminosi e di lunga durata. Le Quadrantidi sono visibili al meglio dall'emisfero settentrionale durante la notte e nelle ore che precedono l'alba.

5.7 Tra luce e ombra: curiosità sulle eclissi solari e lunari

Eclissi solare

- L'eclissi solare totale più lunga mai registrata si è verificata il 15 giugno 743 a.C. ed è durata 7 minuti e 28 secondi. L'eclissi era visibile nell'Oceano Indiano, al largo delle coste del Kenya e della Somalia. La durata massima possibile di un'eclissi solare totale è di 7 minuti e 32 secondi. Questo massimo teorico si verificherebbe quando il sole è all'afelio (il punto più lontano dalla Terra) e la luna è al perigeo (il punto più vicino alla Terra).

- Il 29 maggio 1919, un'eclissi solare fornì una prova fondamentale per la teoria della relatività generale di Albert Einstein. Secondo la teoria, le enormi dimensioni del Sole creano una curvatura nello spazio-tempo. Quando la luce delle stelle lontane passa vicino al Sole, segue questo spazio-tempo curvo, deviando il suo percorso. Durante l'eclissi solare del 1919, l'astrofisico inglese Arthur Eddington e il suo team fotografarono le stelle vicine al Sole (normalmente invisibili a causa della luminosità del Sole). Scoprirono che le posizioni apparenti delle stelle erano cambiate e che la quantità di deflessione corrispondeva esattamente alle previsioni di Einstein. Ciò confermò la teoria della relatività generale di Einstein.

- L'eclissi solare che si è verificata il 3 novembre 2013 è stata una rara eclissi ibrida. È iniziata come eclissi anulare, ma è poi diventata totale man mano che la distanza della Luna dalla Terra diminuiva. Un'eclissi ibrida si verifica quando la distanza della Luna dalla Terra cambia durante l'eclissi, causando il passaggio da totale ad anulare. La prossima eclissi ibrida si verificherà il 14 novembre 2031, passando principalmente sopra l'Oceano Pacifico. Le prossime due eclissi ibride sono previste per novembre 2049 e maggio 2050.

- L'eclissi solare del 21 agosto 2017 è stata un'eclissi solare totale visibile in tutti gli Stati Uniti continentali per la prima volta dal 1918. Conosciuta anche come la "Grande eclissi americana", il suo percorso di totalità (dove la Luna blocca completamente la luce del Sole) largo 70 miglia (110 km) ha attraversato 14 stati, tra cui Oregon, Idaho, Montana, Wyoming, Nebraska, Kansas, Iowa, Missouri, Illinois, Kentucky, Tennessee, Georgia, Carolina del Nord e Carolina del Sud. L'eclissi totale è stata visibile per la prima volta in Oregon alle 10:15 PDT e si è conclusa a Charleston, nella Carolina del Sud, intorno alle 14:41 EST.

Eclissi lunare

- Avete mai visto una luna rossa? È una luna con un colore rosso rame spettrale. Questo fenomeno si verifica durante un'eclissi lunare totale, quando la Terra impedisce alla luce solare di raggiungere direttamente la luna. L'unica luce che si riflette sulla luna durante questo periodo viene filtrata dall'atmosfera terrestre, che disperde la luce blu e lascia passare quella rossa. Questa luce rossa si riflette poi sulla superficie lunare, conferendole un bagliore rossastro. Più polvere o nuvole ci sono nell'atmosfera, più intensa sarà la tonalità rossa della luna. L'ultima luna rossa si è verificata l'8 novembre 2022 ed era conosciuta anche come Luna rossa del castoro. La prossima eclissi lunare totale, e quindi la prossima occasione per osservare una luna rossa, sarà il 14 marzo 2025. Questo evento celeste sarà visibile in tutto il Pacifico, nelle Americhe, nell'Europa occidentale e nell'Africa occidentale.

- Al contrario, una luna blu è una luna piena che si verifica in una stagione (in genere tre mesi) con quattro lune piene, o due volte in un singolo mese di calendario. La luna in sé non diventa effettivamente blu, ma può apparire blu se vista attraverso la foschia atmosferica contenente particelle di polvere (a differenza di una luna rossa, dove la luce solare è bloccata). Questo fenomeno è raro e imprevedibile, da cui il detto "una volta ogni luna blu".

- L'eclissi lunare totale più lunga mai registrata si è verificata il 16 giugno 2000, con una durata di 106 minuti e 24,6 secondi. Le prossime eclissi lunari totali più lunghe sono previste per il 12 maggio 2264 e il 27 luglio 3107, con una durata rispettivamente di 106 minuti e 13 secondi e 106 minuti e 21 secondi. La durata di un'eclissi lunare totale varia a seconda della posizione della luna nella sua orbita. Quando la luna è all'apogeo (il punto più lontano dalla Terra), si muove più lentamente attraverso l'ombra della Terra, determinando un'eclissi più lunga.

- L'eclissi lunare totale che si verificò il 29 febbraio 1504 è nota come Eclissi di Colombo e, come è noto, salvò la vita a Colombo e al suo equipaggio. Durante il quarto e ultimo viaggio di Colombo verso il Nuovo Mondo, la sua flotta fu danneggiata dai tarli marini, costringendolo ad arenare le navi rimaste sulla costa settentrionale della Giamaica il 25 giugno 1503. Inizialmente, la popolazione locale degli Arawak fornì cibo e riparo, ma con il passare dei mesi la tensione aumentò e gli Arawak divennero riluttanti a scambiare provviste con quelli che consideravano ninnoli senza valore. Colombo, di fronte al rischio di morire di fame, escogitò un piano. Sapendo che il 29 febbraio 1504 era imminente un'eclissi lunare totale, avvertì il capo locale degli Arawak che il suo dio cristiano era arrabbiato e avrebbe dimostrato il suo disappunto trasformando la luna piena in "un fuoco di ira". La notte dell'eclissi, mentre la luna si arrossava e si oscurava, gli Arawak terrorizzati implorarono Colombo di riportarla alla normalità. Usando una clessidra per misurare la durata dell'eclissi, Colombo finse di consultare il suo dio e, quando la luna ricomparve gradualmente, gli Arawak furono pieni di gratitudine e timore e continuarono a fornire cibo a Colombo e al suo equipaggio. Una nave di soccorso arrivò più tardi, nel mese di giugno, e Colombo tornò sano e salvo in Spagna nel novembre 1504.

5.8 Visitatori sgraditi: impatti di asteroidi che hanno causato disastri

- Mentre ogni giorno quasi 100 tonnellate di polvere meteorica entrano nell'atmosfera terrestre e bruciano, alcuni asteroidi più piccoli, con un diametro di 1 metro, colpiscono la Terra alcune volte all'anno. L'asteroide che ha colpito Chelyabinsk, in Russia, nel 2013 aveva un diametro di 19 metri; eventi di questa portata si verificano ogni 60-80 anni. Impatti più grandi, come quello dell'asteroide di 50 metri che ha colpito Tunguska nel 1908, si verificano ogni 200-300 anni. Gli asteroidi più grandi di 1 chilometro sono altamente pericolosi, con impatti in grado di causare danni catastrofici alla vita sulla Terra. Questi si verificano all'incirca ogni 500.000 anni. Gli asteroidi in grado di distruggere un pianeta, più grandi di 10 chilometri, come quello che ha spazzato via i dinosauri 65 milioni di anni fa, sono estremamente rari. Gli scienziati hanno determinato che negli ultimi 600 milioni di anni la Terra è stata colpita da 60 oggetti con un diametro di 5 chilometri o più, con una media di un impatto ogni 10 milioni di anni.

- Il cratere di Vredefort è il cratere più grande e più antico della Terra. Si è formato circa 2 miliardi di anni fa quando un grande asteroide, con un diametro stimato di circa 10 chilometri, si è scontrato con la Terra vicino all'attuale Johannesburg, in Sudafrica. L'impatto ha creato il più grande cratere da impatto conosciuto sul pianeta, con un diametro di 300 chilometri. Questo immenso cratere è stato significativamente eroso nel corso del tempo, lasciando dietro di sé la struttura visibile del "Vredefort Dome". Il fatto che il nostro pianeta sia sopravvissuto a un evento così catastrofico è davvero notevole!

- Circa 65 milioni di anni fa, un grande asteroide, con un diametro stimato di circa 10 chilometri, ha colpito la Terra a una velocità superiore a 25 chilometri al secondo vicino all'attuale penisola dello Yucatán in Messico. L'impatto ha rilasciato una quantità di energia pari a 10.000 volte l'attuale arsenale nucleare mondiale, creando un enorme cratere con un diametro di circa 200 chilometri. Gli scienziati ritengono che questo impatto abbia causato il blocco della luce solare da parte di polvere e detriti, provocando un drastico cambiamento climatico globale. Ciò ha portato all'estinzione di massa al confine tra il Cretaceo e il Paleogene, che ha spazzato via i dinosauri e oltre il 50% delle specie terrestri.

- Il cratere Popigai nella Siberia settentrionale, in Russia, si è formato circa 35 milioni di anni fa quando un grande asteroide, largo 3-5 miglia (5-8 chilometri), ha colpito la Terra. Questo impatto ha creato un enorme cratere di circa 62 miglia (100 chilometri) di diametro. A causa dell'alto contenuto di carbonio del suolo che circonda il sito dell'impatto, il calore intenso e la pressione generati dalla collisione hanno creato una grande quantità di "diamanti da impatto". Questa abbondanza di diamanti ha valso al cratere il soprannome di "Cratere dei Diamanti" e, visitando il sito, è possibile trovare minuscoli granelli di diamante (di dimensioni comprese tra 0,1 e 0,4 pollici, ovvero 3-10 mm)!

- Il bacino di Sudbury è il terzo cratere da impatto più grande al mondo e si trova in Ontario, Canada. Si è formato oltre 1,8 miliardi di anni fa a seguito dell'impatto di una cometa di grandi dimensioni, piuttosto che di un asteroide. La cometa ha colpito la Terra a una velocità stimata di oltre 20 chilometri al secondo, creando un cratere che inizialmente misurava 150 chilometri di larghezza. Nel corso di un periodo di tempo dell' , l'erosione ha rimodellato il cratere originale in un bacino ellittico, riducendone le dimensioni a circa 60 per 30 chilometri. Frammenti di roccia provenienti dall'impatto sono stati scoperti fino all'attuale Minnesota, a centinaia di chilometri dal sito dell'impatto. Il calore intenso e la pressione generati dalla collisione hanno fuso la roccia e concentrato minerali preziosi come nichel, rame e metalli del gruppo del platino, portando alla formazione di ricchi siti minerari intorno al cratere.

5.9 Galassie con segnali radio: siamo soli nell'universo?

- Siamo soli nell'universo? Esistono altri esseri intelligenti? La risposta breve è: non lo sappiamo. Tuttavia, gli scienziati stanno studiando misteriosi segnali radio provenienti dallo spazio profondo, che secondo alcuni potrebbero essere un segno di intelligenza extraterrestre.

- Il "segnale Wow!" è una famosa e misteriosa trasmissione radio rilevata dal radiotelescopio Big Ear dell'Ohio State University il 15 agosto 1977, durante una ricerca di intelligenza extraterrestre. Il segnale, della durata di 1 minuto e 12 secondi, proveniva dalla costellazione del Sagittario ed era 30 volte più forte del rumore di fondo dello spazio profondo. È stato ricevuto a una frequenza specifica di 1.420 megahertz, la stessa frequenza alla quale l'idrogeno, l'elemento più abbondante dell'universo, emette onde radio. Ciò ha portato alcuni astronomi a ipotizzare che potesse trattarsi di un tentativo di comunicazione con la Terra da parte di forme di vita extraterrestri.

- Tuttavia, dalla sua rilevazione iniziale, il misterioso "segnale Wow!" non è mai stato osservato di nuovo. In un recente studio del 2024, l'astrobiologo planetario Abel Méndez ha ipotizzato che il segnale potrebbe essere stato causato da un intenso brillamento di una magnetar, un tipo di stella densa e magnetica. Méndez suggerisce che il brillamento abbia colpito una nube interstellare di gas idrogeno, causandone l'emissione della radiazione rilevata dal radiotelescopio Big Ear. Nonostante ciò, gli scienziati, compresi quelli della NASA, lavorano instancabilmente per raccogliere segnali dall'universo nella speranza di trovare segni di vita intelligente.

- D'altra parte, gli scienziati hanno rilevato un altro tipo di segnale radio proveniente dall'universo: i fast radio burst (FRB). Gli FRB sono brevi e intensi impulsi di onde radio che hanno origine al di fuori della Via Lattea. Questi impulsi sono incredibilmente energetici, rilasciando in un millisecondo tanta energia quanta ne rilascia il sole in tre giorni. Possono durare da una frazione di millisecondo a diversi secondi. Il primo FRB è stato scoperto nel 2007 e da allora gli scienziati hanno rilevato centinaia di questi lampi provenienti da punti lontani dell'universo.

- Le origini degli FRB rimangono incerte. La maggior parte degli scienziati ritiene che siano causati da fenomeni astrofisici come i buchi neri o le stelle di neutroni. Tuttavia, alcuni, come il professor Avi Loeb di Harvard, suggeriscono che potrebbero essere la prova di una tecnologia aliena avanzata. Nel 2019, un team canadese che utilizzava il radiotelescopio Canadian Hydrogen Intensity Mapping Experiment (CHIME) nella Columbia Britannica ha scoperto 13 fast radio burst, tra cui uno ripetitivo. Mentre la maggior parte degli scienziati ha attribuito questi nuovi impulsi dell' e a resti di supernova o buchi neri, Loeb ha ipotizzato che gli FRB potrebbero essere segnali provenienti da trasmettitori alieni utilizzati per propellere astronavi. Gli scienziati sperano di ottenere una risposta più definitiva man mano che vengono rilevati altri FRB.

5.10 Migrazione interstellare: la ricerca di pianeti abitabili

- All'interno del nostro sistema solare, Marte è considerato un potenziale candidato per la futura colonizzazione umana. Ha calotte polari e tracce di antichi canali d'acqua, che suggeriscono la possibile presenza di una fonte d'acqua. Inoltre, un giorno marziano ha all'incirca la stessa durata di un giorno terrestre, il che faciliterebbe l'adattamento al ritmo circadiano marziano. Sebbene Marte sia freddo (con una temperatura media superficiale di -85 °F, ovvero -65 °C) e abbia una disponibilità di ossigeno molto limitata (circa 1/10.000 della quantità presente nell'atmosfera terrestre), gli scienziati ritengono che potrebbe essere terraformato per diventare più adatto alla vita umana.

- Nel frattempo, gli scienziati non hanno mai smesso di cercare pianeti abitabili al di fuori del nostro sistema solare. Dalla prima scoperta confermata di un esopianeta (un pianeta che orbita attorno a una stella al di fuori del sistema solare) nel 1995, gli scienziati hanno identificato oltre 5.000 pianeti di questo tipo. Per trovare un pianeta simile alla Terra abitabile per gli esseri umani, gli astronomi stanno cercando piccoli pianeti rocciosi situati nella zona abitabile della loro stella, dove può esistere acqua allo stato liquido. Due dei principali candidati che potrebbero essere abitabili sono elencati di seguito:

- KOI (Kepler Object of Interest) 5725.01, scoperto nel 2015 attraverso l'analisi dei dati del telescopio spaziale Kepler, è un esopianeta situato a circa 3.000 anni luce di distanza nella costellazione del Cigno. Gli scienziati hanno determinato che KOI-5715.01 presenta condizioni ancora più favorevoli alla vita rispetto a quelle che si trovano sulla Terra, portandoli a classificare il pianeta come "superabitabile". Il pianeta è grande quasi il doppio della Terra e probabilmente ha una superficie solida. Orbita attorno a una stella nana arancione, che è più stabile del nostro Sole e ha una durata di vita fino a 45 miliardi di anni, rispetto ai 10 miliardi di anni del nostro Sole. Questa durata di vita prolungata potenzialmente consente molto più tempo per lo sviluppo della vita. Con una temperatura superficiale di 11,6 °C, KOI 5715.01 è notevolmente vicina alla temperatura media della Terra. Gli scienziati stanno attualmente studiando la sua atmosfera alla ricerca di molecole come ossigeno, anidride carbonica e metano, che potrebbero indicare la presenza di vita.

- KOI 5554.01, un altro esopianeta di circa 6,5 miliardi di anni, ha una dimensione che varia da 0,72 a 1,29 volte il diametro della Terra. Orbita attorno a una stella nana gialla a circa 700 anni luce di distanza, con una durata dell'anno di 362 giorni, simile a quella della Terra. La temperatura media della superficie del pianeta è di circa 27 °C (80 °F), adatta alla vita umana. Gli scienziati stanno attualmente studiando se il pianeta abbia acqua e ossigeno, indicatori chiave di abitabilità.

5.11 Tutto è in movimento: ci muoviamo rapidamente nello spazio

- La prima velocità cosmica si riferisce alla velocità minima che un oggetto deve raggiungere per orbitare attorno a un corpo celeste, come la Terra. È anche nota come velocità orbitale. Per la Terra, la prima velocità cosmica è di circa 4,9 miglia (7,9 chilometri) al secondo. Esempi di oggetti che si muovono alla prima velocità cosmica includono i satelliti artificiali in orbita attorno alla Terra, la Stazione Spaziale Internazionale, la maggior parte dei satelliti di comunicazione, i satelliti meteorologici e qualsiasi veicolo spaziale che mantenga un'orbita stabile attorno alla Terra.

- La seconda velocità cosmica, nota anche come velocità di fuga, è la velocità necessaria affinché un oggetto sfugga completamente all'attrazione gravitazionale di un pianeta e non ricada verso di esso. Per la Terra, la seconda velocità cosmica è di circa 11,2 chilometri al secondo. Qualsiasi veicolo spaziale lanciato dalla Terra, come una sonda spaziale che lascia l'orbita terrestre, si muove a questa velocità.

- La terza velocità cosmica è la velocità iniziale necessaria per sfuggire ai campi gravitazionali combinati della Terra e del Sole. La terza velocità cosmica è di circa 26 miglia (42 chilometri) al secondo, ovvero lo 0,014% della velocità della luce nel vuoto. Un esempio lampante di oggetto che si muove alla terza velocità cosmica è un veicolo spaziale che ha lasciato con successo il Sistema Solare, come le sonde Voyager.

- La rotazione della Terra all'equatore raggiunge una velocità di circa 1.67 0 chilometri all'ora. Questo valore è calcolato dividendo la circonferenza della Terra all'equatore per il tempo necessario a completare una rotazione (24 ore). La velocità di rotazione della Terra diminuisce man mano che ci allontaniamo dall'equatore e ci avviciniamo ai poli. Nonostante la rapida rotazione della Terra, non la percepiamo perché il movimento è costante e noi ci muoviamo insieme ad essa.

- La Luna ruota attorno alla Terra a una velocità di circa 3.682 chilometri all'ora, ovvero 1,022 chilometri al secondo. La Luna impiega 27,3 giorni per completare un'orbita attorno alla Terra.

- La Terra ruota attorno al Sole a una velocità di circa 107.000 chilometri all'ora, ovvero circa 30 chilometri al secondo. In un anno, la Terra percorre circa 940 milioni di chilometri, impiegando circa 365,25 giorni per completare un'orbita.

- La nostra galassia, la Via Lattea, è come un gigantesco mulinello che gira. Il nostro sistema solare viaggia all'interno della galassia a una velocità media di circa 792.000 chilometri all'ora, ovvero circa 220 chilometri al secondo, mentre orbita attorno al centro della Via Lattea. Un'orbita completa richiede circa 230 milioni di anni terrestri!

- Le misurazioni scientifiche indicano che la Via Lattea sfreccia nello spazio a circa 1,3 milioni di miglia (2,1 milioni di chilometri) all'ora, che corrispondono a circa 373 miglia (600 chilometri) al secondo. Questa velocità è misurata rispetto alla radiazione cosmica di fondo, un residuo del Big Bang che funge da punto di riferimento per l'espansione dell'universo. La nostra galassia si sta muovendo in direzione delle costellazioni dell' , il Leone e la Vergine. Nonostante l'alta velocità della Via Lattea, non percepiamo questo movimento perché ci muoviamo insieme ad essa!

- Se siete già stupiti dalla velocità con cui attraversiamo l'universo, preparatevi a rimanere ancora più stupiti. Durante il Big Bang, l'universo primordiale si espanse a una velocità incredibile, superando di gran lunga la velocità della luce (299.792 chilometri al secondo). Gli scienziati stimano che nelle fasi iniziali del Big Bang, durante una fase nota come inflazione, l'universo si sia espanso di un fattore 10^78 in circa 10^-32 secondi. Ciò si traduce in un'espansione di circa 62 trilioni di miglia (100 trilioni di chilometri) in una frazione di secondo incredibilmente piccola! È importante ricordare che, mentre gli oggetti nello spazio non possono superare la velocità della luce, l'espansione dello spazio stesso durante l'inflazione non era vincolata da questa limitazione.

5.12 Supernova: fuochi d'artificio nell'universo

- Una supernova è un evento spettacolare che si verifica quando una stella esaurisce il suo combustibile ed esplode in un brillante scoppio di luce. Le supernove sono tra gli oggetti più luminosi del cielo notturno e possono essere miliardi di volte più luminose del sole. Possono eclissare un'intera galassia per settimane e raggiungere un diametro di diversi anni luce.

- Le supernove sono la fonte primaria di elementi pesanti nell'universo. Quando si verifica una supernova, essa distribuisce nello spazio sia elementi immagazzinati che elementi di nuova creazione. Gli scienziati hanno imparato molto sull'universo studiando le supernove, compreso il modo in cui le stelle generano gli elementi chimici necessari alla vita.

- Una supernova si verifica da qualche parte nell'universo all'incirca ogni 10 secondi. Tuttavia, nelle galassie simili alla Via Lattea, si verificano solo due o tre supernove per secolo. In media, ciò si traduce in una supernova ogni 50-100 anni nella nostra galassia; tuttavia, questa frequenza può variare a seconda della regione specifica all'interno della galassia e del tipo di supernova.

- Una supernova è miliardi di volte più luminosa del Sole. Una supernova che si verifica a soli 32,6 anni luce (191,7 trilioni di miglia o 308,6 trilioni di chilometri) di distanza sarebbe 15 milioni di volte più luminosa di Sirio, la stella più luminosa del cielo notturno.

- Grazie alla loro estrema luminosità, le supernove possono essere osservate da grandi distanze. Secondo i dati astronomici attuali, la supernova più lontana mai rilevata è DES16C2nm, situata a circa 10,5 miliardi di anni luce dalla Terra. Questa supernova superluminosa (SLSN) è stata individuata per la prima volta dal Dark Energy Survey nell'agosto 2016.

- Per una stella con una massa almeno 20 volte superiore a quella del Sole, l'esplosione di una supernova può lasciare un residuo con una massa sufficiente a formare un buco nero. In queste stelle massicce, le forze gravitazionali superano la pressione di degenerazione dei neutroni, causando il collasso del nucleo della stella in un buco nero ( ). Se il residuo stellare rimane al di sotto di questa soglia di massa critica, formerà invece una stella di neutroni. La stella di neutroni più pesante conosciuta ha una massa pari a circa 2,5 volte quella del Sole, mentre il buco nero più leggero conosciuto ha una massa pari a circa 5 volte quella del Sole.

- Sappiamo che i buchi neri sono strani, ma anche le stelle di neutroni hanno caratteristiche insolite. Contengono il materiale più denso che possiamo osservare direttamente nell'universo, con densità che raggiungono circa 10^17 chilogrammi per metro cubo. Solo un cucchiaino di materia di una stella di neutroni peserebbe quanto il Monte Everest, che pesa miliardi di tonnellate! Inoltre ruotano a una velocità incredibile. La stella di neutroni più veloce conosciuta, PSR J1748-2446ad, può ruotare circa 43.000 volte al minuto (716 volte al secondo), che è quasi la stessa velocità di una lama di frullatore. Le stelle di neutroni vantano anche i campi magnetici più forti conosciuti nell'universo. I loro campi magnetici, che misurano da 10^12 a 10^15 Gauss, sono da trilioni a quadrilioni di volte più forti del campo magnetico terrestre (0,5 Gauss), e un tipo di stella di neutroni chiamata "magnetar" può avere campi magnetici anche mille volte più forti! Campi magnetici così potenti possono influenzare in modo significativo lo spazio circostante.

- La supernova più luminosa mai registrata, chiamata "SN2016aps", è stata scoperta nel 2016 dal Panoramic Survey Telescope and Rapid Response System (Pan-STARRS) alle Hawaii. La luminosità massima di SN2016aps (magnitudine assoluta −22,35) era 74 miliardi di volte più brillante del Sole (magnitudine assoluta +4,83) e 500 volte più brillante delle tipiche esplosioni di supernova osservate fino ad oggi! La sua produzione di energia è pari a ben 1,1 quintilioni (10^18) di volte quella del Sole, rendendola uno degli eventi più energetici mai osservati. La supernova si è verificata in una galassia a circa 3,6 miliardi di anni luce di distanza ed era così luminosa da eclissare la luce della galassia circostante.

5.13 L'origine e il destino dell'universo: dove finirà tutto?

L'origine dell'universo

- L'opinione scientifica prevalente è che l'universo abbia avuto origine con un "Big Bang" circa 13,8 miliardi di anni fa, espandendosi da un unico punto estremamente denso. Questa espansione continua ancora oggi a un ritmo sempre più accelerato.

- Subito dopo il Big Bang, l'universo esisteva come una "zuppa" surriscaldata di particelle, con temperature che si stima abbiano raggiunto circa 10^32 Kelvin. Nel primo secondo della sua esistenza, l'universo si è rapidamente raffreddato fino a raggiungere temperature di circa 10 miliardi di gradi Celsius (ancora molto calde!). In confronto, la temperatura sulla superficie del Sole è di soli 10.000 gradi Fahrenheit (5.600 gradi Celsius), mentre il suo nucleo raggiunge circa 27 milioni di gradi Fahrenheit (15 milioni di gradi Celsius).

- Le temperature estreme dell'universo primordiale hanno facilitato la continua creazione e annichilimento di particelle come elettroni e positroni. Durante i primi minuti, l'universo ha generato la maggior parte dell'idrogeno e dell'elio che esistono oggi, insieme a tracce di litio pari a . L'idrogeno e l'elio sono gli elementi più abbondanti e costituiscono circa il 98% dell'universo visibile.

- In una frazione di secondo (10^-32 secondi) dopo il Big Bang, l'universo ha subito un periodo di rapida espansione noto come inflazione cosmica. Durante l'inflazione, le dimensioni lineari dell'universo si sono espanse di un fattore di almeno 10^26, con un conseguente aumento di volume di 10^78. Per mettere questo dato in prospettiva, è come espandere qualcosa di piccolo quanto la metà della larghezza di una molecola di DNA fino a circa 10,6 anni luce di diametro (62,3 trilioni di miglia o 100 trilioni di chilometri)!

- Il periodo che inizia circa 380.000 anni dopo il Big Bang e dura fino alla formazione delle prime stelle e galassie, stimata intorno a 1 miliardo di anni dopo il Big Bang, è noto come l'età oscura cosmica. Durante questa era, l'universo era pieno di idrogeno neutro che oscurava le fonti di luce. Questo faceva apparire l'universo buio.

- L'universo osservabile ha un diametro di circa 93 miliardi di anni luce, ma la dimensione reale dell'universo è sconosciuta. Questo perché non possiamo vedere oltre i confini dell'universo osservabile. All'interno dell'universo osservabile, gli scienziati stimano che ci siano tra i 100 miliardi e i mille miliardi di galassie e 200 miliardi di miliardi di stelle. Rispetto all'universo, la nostra Terra è come un granello di sabbia perso in un vasto deserto!

La fine dell'universo

- La potenziale fine dell'universo potrebbe assumere la forma di un "Big Freeze", in cui continua ad espandersi indefinitamente, o di un "Big Crunch", in cui la gravità alla fine riporta tutto insieme. Il risultato dipende dalla densità dell'universo e dalla quantità di energia oscura presente.

- Il Grande Congelamento, noto anche come Grande Raffreddamento o morte termica, è una teoria ampiamente accettata. Essa propone che l'universo si espanderà per sempre, disperdendo energia fino a quando tutte le regioni raggiungeranno una temperatura uniforme. Ciò causerebbe l'interruzione delle interazioni tra le particelle, lasciando l'universo in uno stato congelato.

- Questo processo richiederà probabilmente più di un trilione di anni. Inizialmente, la formazione di stelle e galassie si arresterebbe e le stelle esistenti esaurirebbero gradualmente il loro combustibile e smetterebbero di brillare. I buchi neri consumerebbero quindi tutta la materia rimanente e l'universo entrerebbe in un'era oscura. Alla fine, l'universo raggiungerebbe uno stato di massima entropia, con tutto distribuito in modo uniforme e senza gradienti di energia che guidino ulteriori eventi. Immaginate il tempo che diventa un vuoto infinito, dove praticamente non accade nulla a causa della mancanza di energia nell'universo!

- In uno scenario diverso, se la gravità fosse sufficiente, l'universo potrebbe alla fine collassare su se stesso, in modo simile a una stella che collassa formando un buco nero. Questo alla fine causerebbe il restringimento dell'universo in un punto infinitamente piccolo noto come singolarità, un evento potenzialmente seguito da un altro Big Bang e dalla riformazione di un nuovo universo.

- In entrambe le teorie, si ritiene che la misteriosa energia oscura sia la forza motrice dietro l'espansione accelerata dell'universo. Tuttavia, se l'energia oscura causasse un'accelerazione troppo rapida dell'espansione dell'universo, potrebbe alla fine distruggerlo, riducendolo ai suoi componenti fondamentali come gli atomi. Come pensi che finirà il nostro universo?

Chapter 6

Il misterioso cervello

6.1 Il cervello: il computer più potente che conosciamo

- Il cervello umano è la struttura più complessa conosciuta nell'universo e contiene circa 86 miliardi di neuroni. Ogni neurone può formare migliaia di connessioni sinaptiche con altri neuroni, creando una vasta rete di trilioni di interconnessioni. Questa intricata rete supera di gran lunga la complessità anche dei supercomputer più avanzati.

- Il cervello umano possiede notevoli capacità di elaborazione, in grado di gestire contemporaneamente grandi quantità di informazioni. Sebbene le stime varino, recenti ricerche suggeriscono che la sua potenza di calcolo possa raggiungere l'ordine di grandezza dell'exaflop (un quintilione, ovvero 10^18 calcoli al secondo), rivaleggiando o addirittura superando la potenza di elaborazione grezza di alcuni supercomputer.

- Nonostante abbia la potenza di calcolo di un supercomputer, il cervello umano funziona con soli 20 watt di energia, più o meno equivalenti alla potenza necessaria per far funzionare una lampadina a bassa intensità. Al contrario, uno dei supercomputer più potenti al mondo, l'Oak Ridge Frontier, può raggiungere velocità di calcolo simili all'exaflop (10^18 calcoli al secondo), ma per farlo richiede 20 megawatt. Si tratta di una potenza un milione di volte superiore a quella utilizzata dal cervello.

- Il cervello umano può memorizzare circa 2,5 petabyte di informazioni, equivalenti a 2,5 milioni di gigabyte di memoria digitale o a più di 2.500 dischi rigidi a stato solido (SSD) da 1 TB. Si tratta di una quantità di dati paragonabile a quella memorizzata sul World Wide Web. La capacità di archiviazione del cervello deriva dal vasto numero di connessioni al suo interno, che ammonta a 100 trilioni di connessioni tra i suoi 100 miliardi di neuroni.

- Che ci crediate o no, la stragrande maggioranza dei neuroni nel nostro cervello si sviluppa prima della nascita. Il picco di produzione dei neuroni si verifica durante le fasi centrali della gestazione (tra la quinta e la ventesima settimana), durante le quali il nostro cervello genera da 50.000 a 100.000 nuove cellule nervose al secondo. Una volta formati, i neuroni migrano verso le loro posizioni designate nel cervello e iniziano a differenziarsi in tipi specializzati. Iniziano quindi a formare connessioni tra loro chiamate sinapsi, fondamentali per la comunicazione neurale.

- Nonostante il continuo perfezionamento strutturale del nostro cervello dopo la nascita, assistiamo a una graduale perdita di neuroni. Gli scienziati stimano che il numero totale di neuroni neocorticali diminuisca del 9,5% tra i 18 e i 93 anni[1]. Ciò si traduce in una perdita media di circa 85.000 neuroni al giorno, ovvero circa un neurone al secondo. Tuttavia, alcune regioni del cervello, come l'ippocampo (responsabile della formazione e del consolidamento della memoria) e il bulbo olfattivo (coinvolto nella percezione degli odori), generano continuamente nuovi neuroni. I ricercatori stimano che l'ippocampo produca circa 700-1.500 nuovi neuroni al giorno durante l'età adulta([2]) e che l'esercizio fisico favorisca la generazione di nuovi neuroni.

6.2 Cervello maschile e femminile: il cervello ha un sesso?

- I cervelli maschili e femminili presentano effettivamente differenze sia nella struttura che nella funzione. La ricerca ha scoperto che i cervelli maschili sono, in media, circa il 10% più grandi di quelli femminili. Lo scienziato di Stanford Nirao Shah suggerisce che i circuiti neurali che governano i comportamenti innati, come l'accoppiamento e la genitorialità, sono probabilmente cablati e mostrano variazioni specifiche per sesso.

- Gli scienziati hanno scoperto che le donne dimostrano generalmente prestazioni superiori in varie misure di abilità verbale, tra cui la comprensione della lettura, le capacità di scrittura e la fluidità verbale. L'eccezione è rappresentata dalle analogie verbali, dove gli uomini tendono ad avere prestazioni migliori. Inoltre, le donne eccellono nei test di coordinazione motoria fine e velocità percettiva. Al contrario, gli uomini hanno capacità visuospaziali superiori. Sono più bravi a visualizzare come forme complesse ruotano nello spazio, a determinare gli angoli dall'orizzontale, a seguire oggetti in movimento e a mirare proiettili.

- Le donne sono in genere più abili nel recuperare informazioni dalla memoria a lungo termine e conservano ricordi emotivi più forti e vividi. Tendono ad avere ricordi più ricchi e dettagliati di eventi emotivi e a richiamare queste esperienze più rapidamente degli uomini. Questa memoria superiore per gli eventi emotivi può essere correlata alle differenze nel funzionamento dell'amigdala. Inoltre, le donne tendono ad affidarsi maggiormente ai punti di riferimento per orientarsi, mentre gli uomini utilizzano tipicamente la "navigazione a stima", stimando la loro posizione in base alla distanza e alla direzione percorsa.

- È interessante notare che la ricerca indica che i bambini e le bambine mostrano preferenze distinte per i giocattoli fin dalla giovane età. Ad esempio, i bambini spesso preferiscono i giocattoli con le ruote, mentre le bambine tendono a preferire i peluche. Ciò suggerisce che queste preferenze potrebbero essere innate piuttosto che modellate esclusivamente da influenze culturali. In particolare, anche le differenze nella capacità di visualizzazione spaziale possono essere osservate nei bambini di appena 2-3 mesi.

- Anche la prevalenza dei disturbi cognitivi e neuropsichiatrici differisce tra i sessi. Ad esempio, le donne sono due volte più soggette a soffrire di depressione clinica o disturbo da stress post-traumatico (PTSD), mentre gli uomini sono più inclini a sviluppare alcolismo, tossicodipendenza o schizofrenia. I ragazzi hanno un tasso di dislessia circa dieci volte superiore e sono da quattro a cinque volte più inclini a ricevere una diagnosi di disturbo dello spettro autistico[3].

6.3 Capacità cerebrali straordinarie: più potenti di quanto pensiamo

Sinestesia

- L'espressione "so come ti senti" può essere presa alla lettera da individui iperempatici affetti da una rara condizione chiamata sinestesia speculare tattile. Questi individui provano effettivamente la sensazione di essere toccati quando vedono un'altra persona essere toccata. Nel 2007, gli scienziati hanno riportato il caso di una donna affetta da sinestesia speculare che sentiva un tocco sulla guancia destra quando vedeva qualcuno in piedi di fronte a lei, faccia a faccia, che veniva toccato sulla guancia sinistra[(4)] ·È interessante notare che, se si fosse trovata accanto alla persona toccata, la sensazione sarebbe stata sullo stesso lato della persona toccata.

- La sinestesia tattile speculare può arrivare all'estremo e diventare sinestesia dolorosa speculare. Il dottor Joel Salinas, che da bambino percepiva la musica e i numeri come colori, è in grado di sentire il dolore degli altri. Da studente di medicina, Joel sentiva l'incisione del bisturi sul proprio addome quando osservava un ragazzo adolescente sul tavolo operatorio. Nel 2008, Joel ha sentito le compressioni toraciche sul proprio petto e il tubo di respirazione che gli raschiava la gola mentre assisteva al soccorso di emergenza di un paziente in arresto cardiaco. Quando il paziente è morto, un silenzio inquietante e l'assenza di sensazioni lo hanno avvolto(5) ·Tuttavia, la sinestesia tattile speculare ha anche aiutato Joel a notare rapidamente le esigenze dei pazienti e a prendersi cura di loro in modo migliore.

- Questa condizione è correlata all'attività dei neuroni specchio, cellule cerebrali che emettono segnali elettrici non solo quando si esegue un'azione, ma anche quando si osserva la stessa azione eseguita da un altro. Gli scienziati ritengono che tutti nasciamo con la sinestesia, che diminuisce man mano che le connessioni cerebrali non necessarie vengono eliminate. Per gli individui con sinestesia speculare tattile, che colpisce circa l'1,6% delle persone, questi neuroni specchio sembrano essere iperattivi. Ciò supporta l'idea che l'empatia si sviluppi attraverso la simulazione mentale delle esperienze altrui.

Sindrome di Savant

- La sindrome del savant è una condizione rara in cui individui con disabilità dello sviluppo, come l'autismo, o lesioni cerebrali, mostrano abilità straordinarie in aree specifiche. Queste abilità, spesso definite "abilità savant", si manifestano tipicamente in ambiti quali l'arte, la memoria, l'aritmetica, la musica o le abilità spaziali. Il tipo più comune di savant è il savant calendariale, spesso definito "calendario umano", che è in grado di calcolare con precisione il giorno della settimana per una data qualsiasi. La memoria potenziata è considerata un "superpotere" fondamentale alla base di queste abilità savant. Sebbene la sindrome del savant sia più diffusa nei maschi, con un rapporto maschi-femmine di 6:1, colpisce solo una persona su un milione. La condizione non è classificata come disturbo mentale, ma si ritiene che derivi dalla capacità del cervello di riorganizzarsi e compensare le menomazioni.

- Daniel Tammet è uno scrittore e savant inglese nato il 31 gennaio 1979 ed è noto per la sua straordinaria capacità di memoria. Tammet percepisce ogni numero intero positivo fino a 10.000 con forme, colori, texture e sensazioni uniche, e descrive i numeri con immagini vivide. Trova il 289 brutto, il 333 attraente e il pi greco bello. Detiene il record europeo per aver recitato pi greco fino a 22.514 cifre a memoria in cinque ore. Inoltre, Tammet è poliglotta e parla undici lingue: inglese, estone, finlandese, francese, tedesco, lituano, esperanto, spagnolo, rumeno, islandese e gallese. Ha imparato l'islandese colloquiale in una sola settimana, il che è sorprendente considerando la difficoltà della lingua.

- Laurence Kim Peek era un savant americano nato l'11 novembre 1951 a Salt Lake City, nello Utah. Kim era conosciuto come un "megasavant" per la sua memoria straordinaria. Da bambino, Kim aveva difficoltà con le capacità motorie. Non riusciva a camminare fino all'età di quattro anni e faceva fatica a svolgere compiti come abbottonarsi la camicia. Tuttavia, nonostante le difficoltà sociali e le anomalie cerebrali congenite, Kim divenne famoso come fonte di ispirazione per il personaggio di Raymond Babbitt nel film del 1988 "Rain Man". La sua capacità di memoria era notevole: poteva memorizzare un intero libro in circa un'ora e ricordare con precisione il contenuto di almeno 12.000 libri. Kim leggeva i libri rapidamente, scansionando le pagine di sinistra con l'occhio sinistro e quelle di destra con l'occhio destro. Le sue eccezionali capacità erano attribuite a connessioni neurali uniche dovute all'assenza del corpo calloso, una struttura cerebrale che collega gli emisferi cerebrali sinistro e destro.

- Stephen Wiltshire, nato il 24 aprile 1974, è un artista architettonico britannico e savant autistico noto per la sua straordinaria capacità di disegnare paesaggi urbani dettagliati dalla memoria dopo averli visti solo una volta. Diagnosticato autistico all'età di tre anni, Stephen era non verbale nei suoi primi anni di vita. Il suo fascino per lo schizzo di monumenti è iniziato intorno all'età di sette anni. Il talento di Stephen lo ha portato a creare disegni panoramici dettagliati di città come Londra, New York, Tokyo, Roma, Hong Kong, Francoforte, Madrid, Dubai e Gerusalemme. Un'opera degna di nota è il suo disegno di New York City lungo 5,5 metri, completato dopo un breve volo in elicottero di 20 minuti, che abbraccia Manhattan, la costa dell'Hudson nel New Jersey, il Financial District, Ellis Island, la Statua della Libertà e Brooklyn. Ha anche realizzato un disegno panoramico di Tokyo lungo 10 metri in soli sette giorni. Nel 2006, Stephen è stato nominato Membro dell'Ordine dell'Impero Britannico (MBE) per i servizi resi all'arte e ha aperto la sua galleria permanente nella Royal Opera Arcade di Londra.

- Jason D. Padgett, nato nel 1970 ad Anchorage, in Alaska, è un artista americano a cui è stata diagnosticata la sindrome del savant acquisito. Da giovane, ha abbandonato il Tacoma Community College e ha lavorato come venditore per l'azienda di futon di suo padre. Il 13 settembre 2002, dopo una brutale aggressione fuori da un bar karaoke a Tacoma, nello Stato di Washington, Jason ha subito una grave commozione cerebrale. A seguito di questo evento traumatico, ha iniziato a percepire il mondo attraverso una lente matematica. L'acqua appariva come linee tangenti e la luce come raggi composti da spirali e linee. Questa nuova prospettiva lo ha portato a creare intricati disegni geometrici, che lo hanno aiutato a gestire il suo disturbo ossessivo-compulsivo (DOC) e il disturbo da stress post-traumatico (PTSD). La sua straordinaria abilità attirò l'attenzione del dottor Darold Treffert, rinomato esperto di savantismo, che gli diagnosticò la sindrome del savant acquisito. Jason è una delle sole 40 persone al mondo affette da questa condizione, in cui notevoli talenti in matematica, arte o musica emergono a seguito di una lesione cerebrale o di una malattia.

- Derek Amato, nato il 19 novembre 1966, era un formatore aziendale in Colorado. La sua vita cambiò radicalmente il 27 ottobre 2006, quando si tuffò in una piscina durante una festa di un amico dell' , battendo la testa sul fondo, subendo una grave commozione cerebrale e perdendo parte dell'udito in un orecchio. Tuttavia, pochi giorni dopo l'incidente, la musica ha invaso la sua mente. Si è seduto al pianoforte e ha iniziato a suonare capolavori, anche se prima dell'incidente era a malapena in grado di suonare lo strumento. Ha vinto il premio Independent Artist of the Year 2007 della LA Association of Independent Artists ed è stato soprannominato "Rainman Beethoven" per la sua sindrome del savant acquisita.

- Orlando L. Serrell, nato nel 1968, è diventato un "savant acquisito" dopo un incidente che gli ha cambiato la vita il 17 agosto 1979. All'età di dieci anni, Orlando fu colpito da una palla da baseball alla parte sinistra della testa e perse conoscenza. Quando riprese conoscenza, non cercò cure mediche. Orlando soffriva di un persistente mal di testa; tuttavia, una volta ripresosi, iniziò a notare una straordinaria capacità di eseguire complessi calcoli calendariali. Era in grado di determinare il giorno della settimana di qualsiasi data a partire dall'incidente e poteva ricordare il tempo atmosferico e i dettagli specifici di ogni giorno. Nel corso del tempo, le sue capacità mnemoniche si sono evolute in una memoria ipertimesica, che gli permette di ricordare anche i minimi dettagli delle attività quotidiane con notevole chiarezza. Gli scienziati che hanno studiato le straordinarie capacità di Orlando hanno scoperto che egli esegue calcoli inconsci senza memorizzare il calendario.

La storia di Orlando è una testimonianza dell'incredibile potenziale del cervello umano e di come esso possa adattarsi in modi imprevisti a seguito di un trauma.

- Gli scienziati hanno scoperto che il fenomeno della sindrome del savant acquisita comporta specifici cambiamenti cerebrali. Dopo una lesione, il cervello subisce un processo noto come "tre R": reclutamento, ricablaggio e rilascio. Inizialmente, si verifica un aumento dell'attività elettrica nel tessuto cerebrale sano rimanente, spesso nell'emisfero destro. Il cervello forma quindi nuove connessioni neurali, collegando regioni precedentemente non collegate. Questo processo di ricablaggio porta al rilascio di capacità dormienti, consentendo a individui come Jason di accedere a abilità straordinarie. A sostegno di questa teoria, gli scienziati dell'Università di Sydney sono stati in grado di indurre temporaneamente abilità simili a quelle dei savant nei partecipanti, diminuendo l'attività nell'emisfero sinistro e aumentandola in quello destro.

- La sindrome del savant acquisita sottolinea l'idea che il nostro cervello non sia una tabula rasa. Piuttosto, potrebbe essere dotato di conoscenze e abilità intrinseche. I savant possono accedere a queste predisposizioni innate, rivelando lo straordinario potenziale del cervello in termini di creatività e comprensione nella musica, nell'arte e nella matematica.

Calcolatrice umana

- Shakuntala Devi (4 novembre 1929 - 21 aprile 2013) era una calcolatrice mentale, astrologa e scrittrice indiana nota per il suo straordinario talento nel calcolo mentale. Nonostante non avesse ricevuto un'istruzione formale, dimostrava notevoli capacità aritmetiche ed era conosciuta come il "calcolatore umano". Shakuntala ha dimostrato il suo talento nel calcolo mentale in diversi paesi. Nel 1977, alla Southern Methodist University, ha calcolato la radice 23 di un numero di 201 cifre in soli 50 secondi, superando il programma informatico dell'Ufficio degli standard dell' e degli Stati Uniti. Nel 1988, all'Università della California, Berkeley, ha calcolato correttamente in pochi secondi la radice cubica di 61.629.875 e la radice settima di 170.859.375. Il 18 giugno 1980 ha dimostrato le sue eccezionali capacità moltiplicando due numeri a 13 cifre scelti a caso, 7.686.369.774.870 × 2.465.099.745.779, selezionati dal Dipartimento di Informatica dell'Imperial College di Londra. Ha fornito correttamente la risposta, 18.947.668.177.995.426.462.773.730, in soli 28 secondi, che è stata registrata nel Guinness dei primati del 1982.

- Aaryan Shukla, nato nel Maharashtra, in India, è un tredicenne prodigio famoso per le sue straordinarie capacità di calcolo mentale. La sua rapidità nel calcolo mentale gli è valsa un Guinness World Record nel 2024. Sul set della serie televisiva italiana *Lo Show Dei Record*, Aaryan ha stupito il pubblico sommando mentalmente 50 numeri a cinque cifre in soli 25,19 secondi, con una media di una somma ogni 0,5 secondi. Mentre i numeri lampeggiavano davanti a lui su un grande schermo troppo velocemente perché il pubblico potesse elaborarli, Aaryan ha calcolato mentalmente il totale e ha fornito la risposta corretta. Aaryan ha anche vinto il prestigioso campionato mondiale di calcolo mentale nel 2022, tenutosi a Paderborn, in Germania. Nel 2021, all'età di 10 anni, Aaryan ha fatto notizia vincendo medaglie d'oro sia nella categoria open che in quella junior alle Mind Sports Olympiad (Regno Unito), un'intensa competizione online della durata di 3 ore. Gareggiando contro matematici esperti, Aaryan ha affrontato una serie di problemi impegnativi, tra cui l'addizione di numeri a 10 cifre, la moltiplicazione di numeri a 7 cifre e l'estrazione di radici quadrate e cubiche. Senza penna, carta o calcolatrice, Aaryan ha costantemente superato i suoi concorrenti con la sua sorprendente capacità mentale. È il più giovane calcolatore umano conosciuto.

6.4 Misteriose anomalie cerebrali

Guerriera senza paura

- S.M., conosciuta come la "paziente senza paura", è un caso straordinario nella storia della medicina a causa della sua incapacità di provare paura. In uno studio del 2011, i ricercatori dell'Università dell'Iowa hanno testato la straordinaria condizione di S.M. attraverso una serie di scenari progettati per suscitare paura[6]. Questi test includevano l'esposizione a serpenti e ragni vivi, una visita a una delle case più infestate al mondo e la visione di clip di film terrificanti. Nonostante la sua espressa avversione per i serpenti, S.M. ha tenuto in mano e interagito con un serpente per oltre tre minuti senza provare paura. Non ha mostrato alcun timore nemmeno nella casa infestata o durante la visione dei film horror; al contrario, li ha trovati eccitanti e divertenti. Nella sua vita reale, S.M. ha affrontato situazioni pericolose per la sua incolumità, tra cui essere stata minacciata con un coltello da un uomo forte in un parco buio, ma non ha mai provato paura. Gli scienziati hanno scoperto che S.M. presenta lesioni bilaterali in una struttura cerebrale chiamata amigdala, a causa di una rara malattia ereditaria nota come malattia di Urbach-Wiethe. Questa condizione, caratterizzata da depositi di calcio nell'amigdala, ha portato a una completa inibizione della sua risposta alla paura.

- Sorprendentemente, la compromissione dell'amigdala non elimina completamente tutte le risposte di paura. In uno studio del 2013, gli scienziati hanno scoperto che S.M. ha riferito di aver provato paura per la prima volta dall'infanzia durante una prova di inalazione di CO2 al 35%[7]. L'inalazione di un'alta concentrazione di CO2 porta al soffocamento, un'esperienza che ha anche scatenato un attacco di panico in S.M. Questo è stato il primo caso documentato in cui S.M. ha provato paura in qualsiasi contesto, in laboratorio o altrove. I ricercatori hanno condotto lo stesso test su altri due pazienti che presentavano anch'essi lesioni all'amigdala dovute alla malattia di Urbach-Wiethe, ed entrambi i pazienti hanno riferito di aver provato paura durante la prova con CO2, confermando i risultati.

- Jordy, l'uomo senza paura. Jordy Cernik, un produttore televisivo britannico, soffriva di una rara malattia chiamata sindrome di Cushing, che causa un'eccessiva produzione di cortisolo nell'organismo. Dalla diagnosi iniziale nel 2005, ha subito diversi interventi chirurgici al cervello per ridurre i livelli di cortisolo. L'ultimo intervento chirurgico nel 2010 ha comportato la rimozione completa delle ghiandole surrenali e, inaspettatamente, Jordy ha perso la capacità di provare paura. Nonostante fosse una persona timorosa prima degli interventi, Jordy non provava più paura né altre emozioni associate come eccitazione o nervosismo. Sia che si calasse con una corda da una torre alta 127 metri o che fosse seduto su un aereo affollato a 19.000 piedi di altitudine, la sua frequenza cardiaca rimaneva invariata. Mentre molti considerano questa mancanza di paura un superpotere, Jordy fatica ad accettare l'assenza di ansia per la sicurezza dei suoi figli e sente la mancanza dell'eccitazione e della gioia delle attività quotidiane come prenotare una vacanza con la famiglia. Tuttavia, Jordy rimane legato alla sua famiglia attraverso l'amore e custodisce con cura i ricordi che aveva prima degli interventi chirurgici.

Dai, il tuo sorriso è finto

- Sorride molto, e alcuni sorrisi sono sinceri mentre altri non lo sono. Tuttavia, poche persone sanno che i sorrisi sinceri e quelli finti sono controllati da diversi percorsi neurali nel nostro cervello. Un sorriso sincero è controllato dalle cellule dei gangli della base, che generano espressioni facciali involontarie. Al contrario, un sorriso forzato o falso è gestito dalla corteccia motoria nella parte anteriore del cervello, che produce movimenti volontari abili. Nel 1862, l'anatomista francese G. B. Duchenne osservò che i sorrisi sinceri coinvolgono il muscolo orbicolare dell'occhio intorno agli occhi. Spesso mostrano anche guance sollevate, rughe a zampe di gallina e un leggero abbassamento delle sopracciglia. Un sorriso sincero è ora noto come sorriso di Duchenne.

- Le prove a sostegno dell'esistenza di due circuiti distinti del sorriso provengono dallo studio di pazienti con danni cerebrali. Ad esempio, quando un ictus colpisce la corteccia motoria destra (che governa i movimenti della parte sinistra del corpo), un paziente può essere in grado di produrre solo un sorriso parziale sul lato destro del viso quando gli viene chiesto di farlo. Tuttavia, un'emozione spontanea e gioiosa, come vedere una persona cara, provocherà un sorriso completo e simmetrico perché i gangli della base, responsabili dei sorrisi genuini, rimangono inalterati. Al contrario, un ictus che colpisce i gangli della base su un lato può consentire al paziente di produrre un sorriso forzato e simmetrico su comando, ma il suo sorriso naturale apparirà come un mezzo sorriso, evidenziando il danno al circuito emotivo e genuino del sorriso([8]) ·Questi casi dimostrano che il nostro cervello possiede due circuiti separati per controllare i sorrisi volontari ed emotivi.

Cervello diviso: identità divisa?

- Il nostro cervello è diviso in due emisferi, destro e sinistro, ciascuno dei quali controlla il lato opposto del corpo. L'emisfero sinistro è principalmente responsabile del linguaggio e del ritmo, mentre l'emisfero destro è più coinvolto in compiti non verbali come il riconoscimento di oggetti, emozioni e melodie. I due emisferi sono collegati da un fitto fascio di fibre nervose chiamato corpo calloso. In alcuni casi di epilessia grave, il corpo calloso viene reciso chirurgicamente per trattare le crisi epilettiche. Questa procedura, tuttavia, impedisce agli emisferi cerebrali di comunicare correttamente, il che può portare a sintomi insoliti di split brain.

- Una donna di mezza età si è rivolta al medico perché la sua mano sinistra occasionalmente agiva di propria iniziativa e cercava di strangolarla. Spesso doveva usare la mano destra per trattenere la sinistra o addirittura sedersi su di essa per fermarla. Nonostante questo comportamento allarmante, la donna appariva normale e non mostrava segni di problemi neurologici. Inizialmente le era stata diagnosticata erroneamente una malattia mentale o isteria. Tuttavia, un medico ha scoperto che i suoi sintomi erano causati da un danno al corpo calloso. Questo danno, probabilmente dovuto a un ictus, interrompeva i normali segnali inibitori dall'emisfero sinistro logico a quello destro più emotivo. Di conseguenza, l'emisfero destro, che controllava la mano sinistra, non era più tenuto sotto controllo e agiva in modo indipendente, mostrando quelle che sembravano tendenze suicide. Questo faceva sì che la mano sinistra della donna cercasse di strangolarla in modo apparentemente incontrollabile([8]).

- I ricercatori hanno anche scoperto che quando un oggetto viene mostrato all'occhio destro di un paziente con cervello diviso (che invia segnali all'emisfero sinistro), il paziente è in grado di nominarlo facilmente, poiché l'emisfero sinistro è dominante per il linguaggio. Tuttavia, quando viene mostrato all'occhio sinistro (che invia segnali all'emisfero destro), il paziente non è in grado di descrivere verbalmente l'oggetto, ma può comunque selezionare l'oggetto corrispondente con la mano sinistra. In un famoso esperimento con un paziente affetto da split brain di nome "Joe", la parola "Texas" è stata mostrata al suo occhio sinistro (elaborata dall'emisfero destro). La sua mano sinistra (anch'essa controllata dall'emisfero destro) ha quindi disegnato un cappello da cowboy. Tuttavia, quando a Joe è stato chiesto perché la sua mano sinistra avesse disegnato il cappello, non è stato in grado di spiegarlo perché il suo centro del linguaggio (situato nell'emisfero sinistro) non aveva ricevuto alcuna informazione sulla parola([9]).

- In questi casi di pazienti con cervello diviso, sembra che ci siano due menti coscienti separate all'interno dello stesso corpo, una che governa il linguaggio e l'altra le azioni non verbali come indicare o disegnare. Tali studi mettono in luce come diverse regioni del cervello possano funzionare in modo indipendente quando non sono in grado di comunicare tra loro, portando ad alcuni comportamenti affascinanti e a intuizioni su come la nostra coscienza possa essere divisa nel cervello.

Visione cieca: osservazione inconscia

- Ci affidiamo molto alla nostra vista per percepire il mondo e circa il 90% delle informazioni trasmesse al nostro cervello proviene da input visivi. Quando osserviamo qualcosa, la luce entra nei nostri occhi e le immagini vengono messe a fuoco sulla retina, che contiene cellule fotorecettrici. Queste cellule convertono la luce in segnali elettrici e chimici che vengono trasmessi attraverso il nervo ottico alla corteccia visiva primaria, che si trova nel lobo occipitale nella parte posteriore del cervello. Il cervello elabora quindi questi segnali, creando un'immagine visiva. Qualsiasi interruzione di questo percorso visivo, compreso il danneggiamento della retina o della corteccia visiva, può causare cecità.

- Tuttavia, i medici hanno incontrato pazienti ciechi che mostravano comportamenti insoliti. Un paziente ben studiato, noto come DB, ha subito un danno alla corteccia visiva durante un intervento chirurgico al cervello per curare il mal di testa. Sebbene i suoi occhi fossero sani, DB non era in grado di vedere consapevolmente nulla nella metà sinistra del suo campo visivo. Tutto ciò che si trovava a sinistra del suo naso era completamente invisibile, come se una tenda fosse stata tirata su quel lato della sua visione. Nonostante la sua convinzione di non poter vedere nulla in quest'area, le sue azioni suggerivano il contrario. Era in grado di allungare la mano e afferrare un oggetto nel suo punto cieco, come se fosse guidato da una sorta di "seconda vista", anche se non aveva la consapevolezza cosciente di vederlo. Quando gli psicologi posizionavano degli oggetti davanti al punto cieco di DB e gli chiedevano di indicarli o di determinarne l'orientamento, lui insisteva nel dire che non riusciva a vedere nulla. Tuttavia, quando gli veniva chiesto di indovinare, nella maggior parte dei casi era sorprendentemente preciso, superando di gran lunga la probabilità casuale ([10]·Sebbene la visione cosciente di DB fosse compromessa, il suo cervello continuava a elaborare alcune informazioni visive a livello inconscio, consentendogli di svolgere determinati compiti senza essere consapevole di vedere.

- Un altro paziente, noto come TN, ha perso completamente la vista dopo aver subito due ictus che hanno danneggiato la corteccia visiva in entrambi gli emisferi del cervello. Ciò ha provocato una cecità totale. Nonostante ciò, uno straordinario esperimento condotto dal team di Tamietto e Weiskrantz nel 2008 ha rivelato che TN possedeva ancora una notevole capacità subconscia di orientarsi nell'ambiente circostante. Nell'esperimento, i ricercatori hanno rimosso il bastone di TN e hanno posizionato vari mobili in un lungo corridoio, creando ostacoli che avrebbero potuto farlo inciampare. A TN è stato chiesto di percorrere il corridoio e, anche se ha riferito di non essere in grado di vedere, ha sapientemente aggirato gli oggetti al primo tentativo, evitando tutti gli ostacoli senza urtarli. Con grande sorpresa dei ricercatori, TN ha affermato in seguito di non essersi assolutamente reso conto di aver visto o evitato gli oggetti. Credeva semplicemente di aver camminato dritto lungo il corridoio, senza alcuna consapevolezza dei propri movimenti([11]·Questo caso dimostra che, sebbene TN avesse perso completamente la vista cosciente a causa di un danno alla corteccia visiva, altre vie cerebrali al di fuori della corteccia visiva, chiamate vie extra-striate, funzionavano ancora e guidavano il suo comportamento.

- La ricerca sui pazienti affetti da visione cieca sottolinea che la consapevolezza non racconta tutta la storia di come funziona il nostro cervello. Spesso pensiamo di prendere decisioni consapevoli, ma il nostro cervello potrebbe decidere prima che ne siamo consapevoli. Questi pazienti dimostrano che anche senza la vista cosciente, il cervello può comunque elaborare le informazioni visive e guidare le loro azioni. Ciò suggerisce che il nostro subconscio è in grado di gestire compiti complessi e che la coscienza potrebbe semplicemente riassumere le informazioni elaborate dal cervello. Queste scoperte stanno portando gli scienziati a riconsiderare il modo in cui comprendiamo la coscienza, e lo studio di pazienti come TN potrebbe alla fine aiutare a svelare i misteri della sua vera natura.

Arti fantasma: ci sono

- Un arto fantasma è l'esperienza di sentire ancora un arto che è stato amputato. Può includere la sensazione di dolore, pressione, prurito o altre sensazioni nell'arto mancante. Le sensazioni dell'arto fantasma possono sembrare molto reali ed è facile pensare che l'arto sia ancora lì. I pazienti possono sentire la presenza spettrale delle dita delle mani e dei piedi e possono persino compiere azioni come allungare la mano e afferrare oggetti. Le sensazioni degli arti fantasma sono un'esperienza comune che colpisce circa il 90% delle persone amputate.

- In un caso eclatante di sensazioni dell'arto fantasma, un paziente che aveva subito l'amputazione di un braccio ha iniziato a provare la sensazione di un braccio fantasma poco dopo l'intervento, un evento comune. Tuttavia, dopo alcune settimane, ha iniziato a provare una strana sensazione di fastidio nell'arto fantasma. Incuriosito dalla causa, ha chiesto al suo medico cosa avesse fatto del suo braccio amputato, ma il medico non ne era a conoscenza e gli ha suggerito di contattare il chirurgo. Dopo alcune telefonate, il paziente scoprì che il braccio amputato era stato inviato al laboratorio di patologia invece di essere incenerito. Sfortunatamente, poiché il laboratorio di patologia aveva già molti bracci amputati, avevano seppellito il braccio del paziente nel giardino dietro l'ospedale. Quando il paziente riesumò il braccio, lo trovò infestato da vermi! Il braccio è stato successivamente incenerito e la sensazione di brucare fantasma del paziente è scomparsa(8) ·Questo indica un legame persistente tra il paziente e il suo braccio amputato? La risposta rimane elusiva.

- Oltre agli arti fantasma sperimentati dagli amputati, in rari casi, i pazienti con arti normali possono sperimentare la presenza di un arto in più, noto come arto fantasma soprannumerario (SPL). In un caso di studio, un paziente di 78 anni ha sperimentato un SPL dopo un'emorragia (sanguinamento) dei gangli della base destra. A seguito di un improvviso mal di testa e debolezza nella parte sinistra del corpo, una TAC ha rivelato un'emorragia cerebrale che si estendeva al talamo. Il secondo giorno di ricovero, il paziente ha iniziato a sentire un braccio fantasma accanto al braccio sinistro paralizzato. Non poteva vedere né toccare questo braccio, ma lo sentiva vividamente, riferendo che assomigliava al suo braccio reale per dimensioni e forma. La sensazione del braccio fantasma era costante e non era influenzata dalla chiusura degli occhi o dallo sguardo rivolto al braccio reale. È interessante notare che il paziente poteva muovere volontariamente il braccio fantasma, anche agitando la mano, afferrando e toccando oggetti, con una forza paragonabile a quella del braccio destro sano. Tuttavia, non riusciva ad allungare il braccio fantasma né a sentire i guanti indossati sulla mano sinistra reale quando cercava di percepirli con il braccio fantasma. Il paziente non avvertiva alcun dolore o fastidio né nel braccio reale, né in quello fantasma. Il braccio fantasma è scomparso dopo 3 settimane([12]).

- Gli scienziati hanno successivamente scoperto che le sensazioni dell'arto fantasma emergono negli amputati attraverso un processo chiamato rimappatura corticale nel cervello. Dopo un'amputazione, il cervello non riceve più input sensoriali dall'arto mancante. Tuttavia, le aree cerebrali che in precedenza controllavano l'arto non rimangono inattive. Al contrario, queste regioni vengono "sostituite" da aree vicine sulla mappa sensoriale del cervello. Nel caso di un paziente di nome Tom, le sensazioni provenienti dalla mano mancante venivano attivate quando venivano toccate alcune parti del corpo, come il viso o la parte superiore del braccio ([8]). Ciò avveniva perché le aree sensoriali del viso e della parte superiore del braccio si trovano accanto all'area della mano nella corteccia sensoriale del cervello. Dopo l'amputazione, i nervi sensoriali che normalmente attivavano il viso o la parte superiore del braccio hanno iniziato a "invadere" l'area del cervello corrispondente alla mano mancante. Questo processo di rimappatura ha fatto sì che le sensazioni tattili provenienti dal viso o dalla parte superiore del braccio fossero "percepite" nella mano mancante, creando una sensazione di arto fantasma.

- È interessante notare che i medici hanno scoperto che gli specchi possono talvolta alleviare il fastidioso dolore dell'arto fantasma, in particolare dopo l'amputazione di una mano o di un braccio. Posizionando uno specchio in modo da riflettere l'arto sano del paziente e facendo muovere quest'ultimo, si crea l'illusione che anche l'arto fantasma si stia muovendo. Questa tecnica induce il cervello a percepire l'arto mancante come presente, fornendo così un feedback positivo alla corteccia motoria e contribuendo a ridurre il dolore. Recentemente sono stati sviluppati altri approcci, come la riabilitazione cognitiva multisensoriale (CMR), per aiutare a ripristinare la rappresentazione multisensoriale del corpo e ridurre il dolore dell'arto fantasma nei pazienti([13]) .

L'uomo senza memoria

- H.M. (1926–2008) è uno dei casi più famosi nella neuroscienza per la ricerca sulla memoria. All'età di 7 anni, H.M. subì un incidente in bicicletta che gli causò una grave epilessia. All'età di 27 anni, le sue crisi erano diventate così debilitanti che non poteva più condurre una vita normale. Nel 1953 si sottopose a un intervento chirurgico sperimentale al cervello per controllare le sue gravi crisi epilettiche. L'intervento comportò la rimozione di porzioni significative del lobo temporale, comprese entrambe le parti di una struttura cerebrale chiamata ippocampo. Sebbene l'intervento fosse riuscito a ridurre le crisi epilettiche, i medici scoprirono che H.M. aveva perso la capacità di formare nuovi ricordi a lungo termine, una condizione nota come amnesia anterograda. H.M. riusciva a ricordare solo gli eventi precedenti all'intervento chirurgico al cervello, mentre la sua memoria a breve termine (come ricordare un numero di telefono per effettuare una chiamata) e la memoria procedurale (coinvolta nell'apprendimento di abilità come andare in bicicletta) erano rimaste intatte. Sorprendentemente, H.M. era ancora in grado di risolvere i cruciverba utilizzando le conoscenze acquisite prima dell'intervento chirurgico nel 1953. Il caso di H.M. ha fornito una comprensione fondamentale del ruolo dell'ippocampo nella formazione della memoria.

- Al contrario, altri casi clinici dimostrano che la perdita di memoria può anche essere retrograda, ovvero la perdita dei ricordi più vecchi. Un caso degno di nota è quello di S.B., un ex giocatore di football americano della NFL ( ) che nel 2008 ha subito un trauma cranico dopo essere scivolato in bagno. La lesione ha causato la perdita quasi totale dei suoi ricordi precedenti all'incidente, una condizione nota come amnesia retrograda. Non era in grado di ricordare 46 anni della sua vita, compresa la sua identità, sua moglie, i suoi figli e la sua carriera. Ha persino perso la comprensione della parola "moglie" e non aveva alcun ricordo di eventi significativi della sua vita, come la sua carriera nel football o la nascita dei suoi figli. Non riusciva a riconoscere la sua famiglia o la sua casa e aveva persino dimenticato come avviare la sua auto. Col tempo, S.B. è riuscito a ricostruire il suo passato attraverso i racconti e le foto condivise dalla moglie e dagli amici, ma non è ancora riuscito a recuperare completamente i suoi ricordi. I medici hanno stabilito che il suo cervello non aveva afflusso di sangue al lobo temporale destro (dove si trova l'ippocampo), un'area fondamentale per la conservazione della memoria, rendendo la sua condizione probabilmente irreversibile([14]). A differenza dell'amnesia anterograda, in cui non è possibile formare nuovi ricordi, S.B. può creare nuovi ricordi ma non riesce a ricordare la maggior parte della sua vita passata.

- Grazie a questi pazienti, gli scienziati sono stati in grado di scoprire le regioni cerebrali fondamentali per la formazione e il recupero della memoria. Ora sappiamo che il danno al lobo temporale mediale del cervello, in particolare all'ippocampo, è il principale responsabile sia dell'amnesia anterograda che di quella retrograda, poiché questa regione è fondamentale per il consolidamento e il recupero della memoria. Nell'amnesia anterograda, in cui i pazienti non sono in grado di formare nuovi ricordi dopo il danno cerebrale, la compromissione è fortemente legata all'ippocampo stesso. Nell'amnesia retrograda, invece, in cui i pazienti perdono i ricordi precedenti alla lesione cerebrale, il danno si riscontra nelle aree circostanti del lobo temporale mediale, come il giro paraippocampale.

- In realtà, la perdita di memoria è più comune di quanto pensiamo. È prevalente negli anziani e nei pazienti affetti da demenza (come quelli con il morbo di Alzheimer). Si stima che il 40% delle persone di età superiore ai 65 anni e quasi tutti i pazienti affetti da Alzheimer soffrano di qualche forma di perdita di memoria. Tuttavia, gli scienziati sostengono che in questi casi i ricordi non vanno realmente persi, ma piuttosto si perde la capacità di recuperarli. Se così fosse, esiste un modo per riottenere l'accesso a questi ricordi?

- Recenti studi suggeriscono che ciò sia possibile. Nel 2015, i neuroscienziati del MIT hanno scoperto che i ricordi "persi" a causa dell'amnesia possono essere riattivati utilizzando la luce, attraverso una tecnica chiamata optogenetica. Il team del MIT, guidato da Susumu Tonegawa, ha utilizzato l'optogenetica per manipolare i neuroni con la luce. Ha dimostrato che i ricordi sono memorizzati in gruppi di cellule cerebrali chiamate cellule engramma della memoria, che subiscono cambiamenti fisici o chimici quando si forma un ricordo. I ricercatori hanno dimostrato che, sebbene queste cellule di memoria siano ancora presenti nei soggetti affetti da amnesia, questi ultimi non sono in grado di richiamare naturalmente i ricordi senza il necessario rafforzamento sinaptico, noto come potenziamento a lungo termine (LTP). Il team ha condotto esperimenti sui topi, bloccando l'LTP con un farmaco chiamato anisomicina per impedire il consolidamento della memoria dopo che i topi avevano formato nuovi ricordi. I topi non erano in grado di richiamare questi ricordi in modo naturale; tuttavia, quando gli scienziati hanno attivato direttamente le cellule engram con la luce, i topi hanno richiamato completamente il ricordo, dimostrando che non era andato perso, ma solo inaccessibile ([15]) ·Questa ricerca innovativa affronta un dibattito di lunga data nelle neuroscienze sull'amnesia e dimostra che è possibile trattare le condizioni di perdita di memoria se sono disponibili i giusti fattori scatenanti.

Lobo frontale e personalità: non più se stesso

- Phineas Gage (1823-1860), un operaio ferroviario americano, subì un trauma cranico nel 1848 all'età di 25 anni. L'incidente avvenne mentre Gage stava preparando degli esplosivi per la costruzione di una ferrovia. Una scintilla accese la polvere da sparo, proiettando una barra di ferro attraverso la guancia sinistra, dietro l'occhio sinistro e fuori dalla parte superiore del cranio, causando danni significativi al lobo frontale sinistro. Sebbene Gage sia sopravvissuto alla lesione e abbia conservato la memoria e l'intelligenza generale, la sua personalità e il suo comportamento subirono una trasformazione radicale. Prima dell'incidente era noto per essere responsabile, laborioso e benvoluto. In seguito, tuttavia, divenne impulsivo, irriverente e incline a comportamenti inappropriati, tanto che gli amici commentarono che "non era più Gage". Nonostante la gravità della ferita, Gage visse per altri 12 anni, lavorando persino come conducente di diligenze in Cile. Il suo cranio e la barra di ferro sono ora esposti all'Università di Harvard. Il caso di Gage rimane uno dei più famosi nel campo delle neuroscienze e della psicologia, poiché la sua ferita ha fornito informazioni cruciali sul ruolo del lobo frontale nel processo decisionale, nella regolazione emotiva e nel comportamento sociale.

- La nostra comprensione del ruolo del lobo frontale nella personalità deriva anche dalla pratica della lobotomia. La lobotomia è una procedura chirurgica che recide le connessioni tra il lobo frontale e il talamo. Un tempo era utilizzata per trattare malattie mentali che non rispondevano alle cure standard, come il disturbo ossessivo-compulsivo (DOC), la depressione grave, la psicosi, la schizofrenia, la psicosi maniaco-depressiva (oggi chiamata disturbo bipolare), la nevrosi cronica e la personalità psicopatica. L'idea era che, scollegando le parti "iperattive" del cervello, i medici potessero ridurre sintomi come ansia, sbalzi d'umore e aggressività. Introdotta negli anni '30 e '40, la lobotomia era comunemente praticata nella metà del XX secolo. Tuttavia, ben presto fu oggetto di critiche per i suoi effetti collaterali gravi e spesso irreversibili, tra cui profondi cambiamenti nella personalità e nelle funzioni intellettive dei pazienti. Dopo l'introduzione del primo farmaco antipsicotico, la clorpromazina (inizialmente sviluppata come "tranquillante"), nel 1951, il numero di lobotomie eseguite diminuì drasticamente prima che la procedura fosse in gran parte abbandonata.

- Il caso di Howard Dully esemplifica i potenziali effetti negativi della lobotomia. Howard Dully fu sottoposto a una lobotomia transorbitale all'età di 12 anni, nel 1960. L'operazione fu eseguita dal dottor Freeman e fu piuttosto controversa perché a Dully non era stata diagnosticata una grave malattia mentale; la sua matrigna lo descriveva come difficile da gestire. Lei sosteneva che fosse ribelle e Freeman acconsentì alla procedura, anche se Dully non soddisfaceva i criteri tipici per un intervento chirurgico così drastico. La lobotomia ha preso di mira la corteccia prefrontale e di Dully, la regione del cervello responsabile del processo decisionale, della regolazione emotiva e del controllo degli impulsi. Recidendo le connessioni in quest'area, l'intervento mirava a "calmarlo", ma ha portato a ripercussioni durature. Dopo l'intervento, Dully ha sperimentato un torpore emotivo e una mancanza di coinvolgimento con il mondo. Ha sofferto di un declino delle funzioni cognitive, tra cui difficoltà di concentrazione e di pensiero critico. Inoltre, ha avuto difficoltà a instaurare relazioni e il suo comportamento sociale è diventato imprevedibile([16])·Dully ha affrontato sfide quali alcolismo, mancanza di una dimora fissa e depressione. Tuttavia, col tempo, ha dimostrato una notevole resilienza e ha gradualmente raggiunto una maggiore stabilità nella sua vita. Dully ha successivamente documentato le sue esperienze nel suo libro di memorie, *"My Lobotomy" (La mia lobotomia)*, con l'obiettivo di educare gli altri sui rischi della psicochirurgia e di promuovere un miglioramento dell'assistenza sanitaria mentale.

- Le nostre attuali conoscenze sul lobo frontale ci aiutano a comprendere meglio lo sviluppo emotivo e il comportamento degli adolescenti. Gli adolescenti sono particolarmente inclini a comportamenti rischiosi come la guida pericolosa, l'uso di droghe e la dipendenza. La ricerca ha dimostrato che il cervello degli adolescenti, in particolare il lobo frontale, si sviluppa lentamente. Questo ritardo nello sviluppo, insieme alla maturazione precoce dei centri di ricompensa del cervello, aiuta a spiegare il comportamento impulsivo degli adolescenti. Il lobo frontale svolge un ruolo cruciale nel processo decisionale e nella valutazione dei rischi; il suo sviluppo più lento significa che gli adolescenti sono biologicamente più sensibili alla ricerca del piacere, pur avendo una capacità limitata di comprendere appieno i potenziali rischi. Gli studi indicano che il cervello degli adolescenti è sviluppato solo all'80% circa, con alcune regioni che non raggiungono la piena maturità fino all'età di circa 30 anni([17]) ·Questo sviluppo irregolare contribuisce alle difficoltà degli adolescenti nella pianificazione e nella valutazione dei rischi. In qualità di genitori ed educatori, è importante educare gli adolescenti sullo sviluppo del loro cervello per aiutarli a comprendere il loro comportamento, riconoscere modelli malsani ed essere consapevoli dei potenziali segnali di allarme di problemi più gravi.

Sindrome da eminegligenza: mangiare solo la metà destra del piatto

- A.B. ha avuto un ictus il 5 novembre 2007 e da allora la sua vita è cambiata completamente. Dopo l'ictus, ha iniziato a trascurare involontariamente oggetti, persone e suoni che apparivano sul suo lato sinistro. Quando cammina, devia verso destra, sfiorando muri e siepi, apparentemente ignaro dei potenziali pericoli alla sua sinistra. Non è in grado di uscire da solo a causa di questa mancanza di consapevolezza della sinistra. La sua negligenza visiva influisce anche sulle attività più semplici: si rade solo il lato destro del viso, lascia il cibo intatto sul lato sinistro del piatto e dipinge solo metà degli oggetti nelle sue opere d'arte, come un maiale a cui manca metà della testa o un pettirosso con dettagli solo sul lato destro. In un test, ha segnato il centro di una linea di 25 cm a soli 2 cm dal bordo destro, come se non fosse consapevole della metà sinistra della linea. Anche con la pratica, la sua capacità di correggere questo difetto è migliorata solo leggermente([18]).

- I medici hanno scoperto che l'ictus di A.B. aveva danneggiato il suo lobo parietale destro, una regione del cervello situata nella parte superiore e posteriore della testa responsabile del controllo dell'attenzione. È interessante notare che l' e visiva di A.B. era rimasta intatta; la sua visione sinistra funzionava perfettamente, ma il suo cervello semplicemente non la "considerava". Questa condizione è ora nota come emisfero-negligenza (nota anche come negligenza unilaterale o spaziale) e deriva tipicamente da un danno al lobo parietale, spesso causato da un ictus. Una caratteristica fondamentale dell'emispazialità, che A.B. manifesta, è la mancanza di consapevolezza del deficit del lato sinistro. Quando gli viene chiesto di concentrarsi sul lato trascurato, non riesce a capire cosa manca, poiché il suo cervello non registra l'assenza. Questa mancanza di consapevolezza rende la condizione particolarmente complessa e difficile.

- Il danno al lobo parietale destro è più comune e provoca la negligenza del lato sinistro dello spazio. Questo perché l'emisfero destro del cervello, in particolare il lobo parietale destro, è responsabile dell'attenzione a entrambi i lati dello spazio.

Al contrario, il lobo parietale sinistro si concentra principalmente sul lato destro dello spazio, forse a causa del suo forte coinvolgimento nella comprensione del linguaggio. Quando il lobo parietale destro è danneggiato, il cervello perde la sua capacità di prestare attenzione al lato sinistro, mentre il lobo parietale sinistro continua a prestare attenzione al lato destro. Questa asimmetria spiega perché la negligenza del lato sinistro (derivante da un danno al parietale destro) è più comune e grave della negligenza del lato destro (derivante da un danno al parietale sinistro), poiché l'emisfero destro intatto può compensare prestando attenzione a entrambi i lati quando il lobo parietale sinistro è danneggiato.

- I pazienti con eminegligenza possono mostrare comportamenti sorprendenti e inaspettati in situazioni estreme. Ad esempio, sebbene in genere ignorino gli oggetti o le persone alla loro sinistra, possono reagire quando qualcosa di significativo accade in quello spazio. Un uomo con eminegligenza, che normalmente ignorava il suo lato sinistro, evitava costantemente di urtare un gattino che giocava vicino alla ruota sinistra della sua sedia a rotelle, nonostante non avesse mai riconosciuto verbalmente la presenza del gattino[19] . Inoltre, sebbene questi pazienti spesso soffrano di debolezza agli arti del lato sinistro, a volte possono usare spontaneamente gli arti sinistri. Ad esempio, anche se fanno fatica a sollevare il braccio sinistro quando richiesto, potrebbero usarlo inconsciamente per scacciare una mosca dal viso! Queste azioni dimostrano che, sebbene l'eminegligenza influenzi la consapevolezza cosciente, i pazienti possono comunque reagire agli stimoli sul lato trascurato in determinate condizioni, in modo simile a chi soffre di visione cieca.

- Scienziati e medici hanno studiato modi per ridurre la tendenza a privilegiare il lato destro nei pazienti affetti da emisfero-negligenza. Uno studio ha scoperto che la motivazione può migliorare le prestazioni di questi pazienti. In un esperimento, ai pazienti è stato chiesto di cerchiare monete o bottoni su una pagina disordinata. Quando è stata offerta una ricompensa in denaro per cerchiare le monete durante un secondo test, i pazienti hanno mostrato un miglioramento significativo nel compito relativo alle monete, ma non in quello relativo ai bottoni, che non prevedeva alcuna ricompensa([18]) ·Ciò suggerisce che gli incentivi possono essere uno strumento utile nella riabilitazione dopo un ictus.

Vivere senza cervello

- In un notevole studio pubblicato su Lancet nel 2007, i medici hanno riportato il caso insolito di un funzionario pubblico francese di 44 anni che viveva una vita normale nonostante avesse una quantità estremamente ridotta di tessuto cerebrale e. Dopo aver avvertito debolezza alla gamba sinistra per due settimane, il paziente si è recato in ospedale. Sorprendentemente, le scansioni cerebrali hanno rivelato una massiccia cavità piena di liquido che occupava la maggior parte del cranio, con un significativo ingrossamento dei ventricoli laterali, terzo e quarto. Queste camere nel cervello normalmente fanno circolare il liquido cerebrospinale, che viene poi drenato. Tuttavia, nel caso di quest'uomo, il liquido si era accumulato, causando una condizione nota come idrocefalo. Nonostante l'assenza della maggior parte del tessuto cerebrale, l'uomo conduceva una vita normale: era sposato, aveva due figli e un QI di 75, che, sebbene inferiore alla media, non era classificato come disabilità mentale([20]) ·Il caso ha sorpreso i medici, dimostrando la straordinaria capacità del cervello di adattarsi e sostenere le funzioni vitali essenziali.

- Questo non era affatto il primo caso di un paziente sopravvissuto senza una struttura cerebrale normale. Nel 1980, un articolo pubblicato su Science intitolato "Is Your Brain Really Necessary?" (Il tuo cervello è davvero necessario?) descriveva un caso straordinario studiato dal professore di neurologia Dr. John Lorber dell'Università di Sheffield. Uno studente brillante di matematica, con un QI di 126, era stato indirizzato a Lorber dopo che il medico del campus aveva notato che la sua testa era leggermente più grande del normale. Una TAC rivelò che lo studente non aveva quasi nessun tessuto cerebrale: invece dei 45 millimetri tipici di un adulto normale, era rimasto solo meno di 1 millimetro di materia cerebrale([21]) ·Analogamente al caso precedente, lo studente soffriva di idrocefalo, una condizione in cui il liquido cerebrospinale si accumula all'interno del cranio invece di circolare e drenare correttamente. Tuttavia, nonostante questa condizione, che di solito è fatale nella prima infanzia, lo studente ha vissuto una vita normale e si è persino laureato con lode in matematica. Questo caso ha messo in discussione la comprensione convenzionale delle funzioni cerebrali, evidenziando la straordinaria capacità di adattamento del cervello.

- Il caso più eclatante è quello di Trevor Judge Waltrip, un ragazzo nato senza cervello e deceduto nel 2014 all'età di 12 anni. Trevor è nato la vigilia di Natale del 2001 con idranencefalia, una rara condizione in cui gli emisferi cerebrali sono completamente assenti e sostituiti da sacche piene di liquido cerebrospinale. Aveva solo il tronco cerebrale, che gli permetteva di respirare, mantenere il battito cardiaco e rispondere ad alcuni stimoli, anche se era cieco e incapace di comunicare verbalmente. Nonostante le previsioni dei medici che non sarebbe sopravvissuto oltre le 12 settimane, Trevor sfidò le probabilità e visse per 12 anni[22]. Sua madre notò che era vigile, non amava stare da solo ed era in grado di percepire ciò che lo circondava. La condizione di Trevor non aveva una cura conosciuta e richiedeva un tubo di alimentazione e fisioterapia. Il caso di Trevor ha spinto gli scienziati a riconsiderare il ruolo del cervello nella nostra vita, sollevando profonde domande sui componenti essenziali della coscienza umana.

Consapevolmente vegetativo: so cosa sta succedendo

- Nel 2024, uno studio sorprendente pubblicato sul New England Journal of Medicine ha rivelato che almeno il 25% delle persone con gravi lesioni cerebrali che sembrano fisicamente non reattive sono in realtà coscienti e consapevoli di ciò che le circonda. Questa scoperta sfida le precedenti ipotesi dell' e sulla coscienza nei pazienti vegetativi e mette in evidenza il fenomeno noto come dissociazione cognitiva-motoria, in cui gli individui possono rispondere mentalmente ma non fisicamente. Questo studio multicentrico ha coinvolto sei strutture mediche in quattro paesi: Belgio, Francia, Regno Unito e Stati Uniti. Utilizzando tecniche avanzate di imaging cerebrale, tra cui la risonanza magnetica funzionale (fMRI) e l'elettroencefalografia (EEG), i ricercatori hanno misurato l'attività cerebrale in risposta a compiti mentali, come immaginare di giocare a tennis. Nonostante l'incapacità di rispondere fisicamente, circa un quarto dei 241 pazienti vegetativi ha mostrato un'attività cerebrale costante durante questi esercizi, indicando che erano in grado di sentire e comprendere i comandi[23]. Lo studio sottolinea l'importanza di rivalutare le strategie di trattamento e le decisioni etiche relative al supporto vitale per i pazienti con lesioni cerebrali. Gli scienziati suggeriscono che le interfacce cervello-computer (BCI) potrebbero consentire a questi pazienti di comunicare meglio con l'ambiente circostante.

- Non era la prima volta che gli scienziati scoprivano che pazienti ritenuti incoscienti potevano rispondere a comandi e stimoli. Nel 2010, uno studio condotto dal dottor Adrian Owen dell'Università di Cambridge e dell'Università di Liegi in Belgio si è concentrato su un uomo di 29 anni che era in stato vegetativo da sette anni a seguito di una lesione cerebrale traumatica causata da un incidente stradale. Sebbene non mostrasse segni esteriori di coscienza, i medici sono rimasti sorpresi nello scoprire che era in grado di comunicare attraverso l'attività cerebrale monitorata da uno scanner fMRI (risonanza magnetica funzionale). Utilizzando una tecnica innovativa, i medici hanno chiesto al paziente di pensare a giocare a tennis per indicare "sì" e di immaginare di camminare nella sua casa per indicare "no".

Il paziente è stato in grado di rispondere accuratamente a una serie di domande sulla sua famiglia generando l'attività cerebrale corrispondente(24)·Questa scoperta rivoluzionaria ha rivelato che il paziente non era in stato vegetativo, ma aveva invece una mente perfettamente funzionante intrappolata in un corpo che non rispondeva.

- Nel 2006, un altro studio condotto dal team del dottor Owen ha coinvolto una donna di 23 anni che era rimasta in stato vegetativo per cinque mesi a seguito di un incidente stradale. Utilizzando la risonanza magnetica funzionale (fMRI), i ricercatori hanno scoperto che la donna era in grado di rispondere a comandi attivando specifiche regioni del cervello quando le veniva chiesto di immaginare di giocare a tennis o di camminare nella sua casa. La sua attività cerebrale era simile a quella di volontari sani che eseguivano gli stessi compiti, indicando che era in grado di comprendere e seguire le istruzioni verbali nonostante non fosse in grado di comunicare attraverso la parola o il movimento(25)·I ricercatori hanno concluso che la donna era consapevole di sé stessa e dell'ambiente circostante, anche se apparentemente si trovava in stato vegetativo.

- Questi studi hanno spinto gli scienziati a riesaminare la definizione di coscienza e il modo in cui viene valutata, in particolare nei pazienti con gravi lesioni cerebrali. Hanno messo in discussione la concezione tradizionale degli stati vegetativi, suggerendo che un numero significativo di pazienti potrebbe possedere la consapevolezza ma non avere la capacità di esprimerla. In particolare, il team del dottor Owen ha scoperto che quattro dei 23 pazienti sottoposti al test mostravano un'attività cerebrale rilevabile, il che implica che fino a un paziente su cinque con diagnosi di stato vegetativo potrebbe essere potenzialmente cosciente. Questi risultati hanno implicazioni di vasta portata per il campo medico, evidenziando la necessità di strumenti diagnostici migliorati e offrendo la speranza che questi pazienti possano un giorno essere in grado di comunicare i propri pensieri e sentimenti in modo più diretto.

Sindrome di Alice nel Paese delle Meraviglie: la mia testa è così grande

- La sindrome di Alice nel Paese delle Meraviglie (AIWS) è una condizione neurologica caratterizzata da gravi distorsioni nella percezione del paziente delle dimensioni, della forma e dello spazio del proprio corpo. Queste distorsioni sono spesso associate a emicrania, epilessia o altri disturbi cerebrali. La sindrome, denominata dallo psichiatra John Todd nel 1955, prende il nome dal *libro* di Lewis Carroll *Alice nel Paese delle Meraviglie* per via delle somiglianze tra i sintomi della condizione e le distorsioni surreali delle dimensioni descritte nel libro. Le prime segnalazioni mediche di allucinazioni simili risalgono al 1904, con pazienti che percepivano oggetti o parti del corpo come significativamente più grandi o più piccoli di quanto fossero in realtà. Queste allucinazioni erano spesso brevi e innocue, ma potevano persistere e causare disorientamento.

- In un caso, una segretaria di 23 anni ha provato una sensazione inquietante durante una forte emicrania, in cui la sua testa sembrava crescere fino a raggiungere dimensioni enormi e fluttuare verso il soffitto, anche se lei era certa che fosse ancora attaccata al collo. Dopo questi episodi, si sentiva insolitamente alta e credeva di sovrastare le persone quando camminava per strada, per poi rimanere scioccata dal suo riflesso reale, che mostrava la sua altezza normale di meno di un metro e mezzo. Questo caso evidenzia la sorprendente discrepanza tra l'immagine del suo corpo percepita e la realtà, causando intensi sentimenti di disorientamento e paura.

- In un altro caso, una casalinga di 38 anni riferì che durante le emicranie alcune parti del suo corpo sembravano crescere o deformarsi, ad esempio il collo si allungava o i fianchi o i fianchi sembravano espandersi. A volte, aveva la sensazione di essere rimpicciolita fino a raggiungere un'altezza di circa 30 cm. Sebbene potesse razionalizzare che le sue percezioni erano false guardandosi allo specchio, la vividezza delle distorsioni era inquietante e sottolineava la profonda discrepanza tra la percezione visiva e la realtà corporea nell'AIWS.

- L'AIWS è una condizione rara, con meno di 200 casi riportati nella letteratura medica dalla sua denominazione nel 1955. Sebbene sia più comune nei bambini, con un'età media di insorgenza intorno ai nove anni, e tipicamente associata all'emicrania, l'AIWS può colpire anche gli adulti. Circa il 15% degli adulti che soffrono di emicrania presenta sintomi di AIWS. Altri fattori scatenanti segnalati includono infezioni come il virus di Epstein-Barr (che può portare all'encefalite), tumori cerebrali, emorragie cerebrali, ictus, scarlattina, schizofrenia e deprivazione sensoriale. In rari casi, l'AIWS è stata collegata all'ipnoterapia e a stati alterati di coscienza, come gli stati ipnagogici o ipnopompici.

- L'AIWS è rimasta in gran parte oscura fino a quando i recenti progressi nella neuroimmagine hanno aiutato gli scienziati a studiare la relazione tra l'attività cerebrale e la percezione. La ricerca ha rivelato che l'AIWS è un disturbo percettivo legato ad un'attività cerebrale anomala, in particolare nelle regioni responsabili dell'elaborazione delle informazioni sensoriali, come i lobi parietali, occipitali e temporali. Le perturbazioni in queste aree possono portare a una percezione visiva e corporea distorta, influenzando il modo in cui i pazienti percepiscono il proprio corpo e il mondo che li circonda. Ad esempio, l'emicrania e l'epilessia possono alterare il flusso sanguigno o l'attività elettrica nel cervello, causando un'errata interpretazione degli stimoli sensoriali, che si traduce nelle bizzarre distorsioni spaziali e dimensionali caratteristiche dell'AIWS([26]).

Anosognosia: cosa intendi dire? Sto benissimo!

- La signora Dodds, una paziente colpita da ictus, ha subito una paralisi della parte sinistra del corpo a causa di un danno all'emisfero destro del cervello. Nonostante ciò, ha manifestato anosognosia, una condizione caratterizzata dalla mancanza di consapevolezza o dal rifiuto della propria paralisi. Sebbene mentalmente lucida e consapevole del proprio ictus, la signora Dodds insisteva nel dire di poter camminare e usare entrambe le mani, anche se la parte sinistra del corpo rimaneva immobile. Quando le veniva chiesto di eseguire compiti come toccare il naso del medico o applaudire, affermava di averli completati, anche se il suo braccio sinistro rimaneva immobile. In casi estremi, pazienti come la signora Dodds potrebbero confabulare, immaginando di muovere un arto paralizzato e credendo sinceramente di completare i compiti. Quando il medico offrì alla signora Dodds una piccola ricompensa per eseguire un compito con una sola mano (infilare una lampadina) o una ricompensa maggiore per un compito con entrambe le mani (allacciarsi le scarpe), la signora Dodds scelse costantemente il compito con entrambe le mani. Quindi lottava con i lacci delle scarpe usando solo la mano destra, ignara dei propri limiti. Quando in seguito le è stato chiesto, ha affermato con sicurezza di aver allacciato i lacci con successo con "entrambe le mani"! ([8])

- Inizialmente i neurologi hanno considerato il caso della signora Dodds associato all'eminegligenza, una condizione in cui i pazienti ignorano il lato sinistro del proprio corpo e dell'ambiente circostante a causa di un danno all'emisfero destro del cervello (come discusso in precedenza). Tuttavia, quando i medici hanno temporaneamente "paralizzato" il braccio destro sano di una paziente in fase di negazione di nome Betty, sono emersi risultati sorprendenti. A Betty è stato chiesto di muovere la mano destra in una scatola a specchio, mentre lo specchio mostrava il riflesso della mano immobile di un assistente nascosto. Nonostante vedesse la mano immobile alla sua destra, Betty insisteva nel dire di vedere una mano in movimento. Ciò suggeriva che i pazienti affetti da negazione differiscono da quelli affetti da emineglia, che colpisce solo il lato sinistro ma non quello destro. È interessante notare che i pazienti con anosognosia possono negare selettivamente la paralisi ma riconoscere altre condizioni mediche, come il diabete, indicando che l'anosognosia non è una negazione globale di tutte le condizioni, ma piuttosto specifica della percezione corporea.

- Tuttavia, i medici possono talvolta utilizzare strategie per aiutare i pazienti con anosognosia a riconoscere la loro paralisi. Ad esempio, nel caso di una paziente di nome Nancy, i medici hanno affrontato la sua negazione della paralisi attraverso un intrigante esperimento psicologico. Come altri individui con anosognosia, Nancy non era consapevole della paralisi del braccio sinistro. Per verificare se il suo rifiuto potesse essere superato modificando il suo sistema di credenze, il medico ha condotto un esame neurologico informale e ha finto di iniettarle nel braccio sinistro un anestetico "paralizzante" (che in realtà era solo una soluzione salina). Dopo l'iniezione, a Nancy è stato chiesto se potesse muovere il braccio sinistro e, con sorpresa del medico, ha ammesso che non si muoveva, riconoscendo per la prima volta la sua paralisi. Per escludere la possibilità che ciò fosse dovuto semplicemente all'influenza persuasiva del medico o alla suggestione ipnotica, la procedura fu ripetuta sul braccio destro (sano). Quando le fu chiesto se potesse muovere il braccio destro dopo l'"iniezione", Nancy confermò che funzionava normalmente, senza mostrare alcun effetto dall'iniezione di placebo! È interessante notare che, quando a pazienti come Nancy viene chiesto in seguito se abbiano mai negato la loro paralisi, essi insistono nel dire che non l'hanno mai fatto, come se avessero represso il ricordo della loro precedente negazione. Ciò suggerisce che la negazione associata all'anosognosia può essere profondamente radicata nel sistema di credenze del paziente, ma può essere temporaneamente influenzata da fattori esterni, come questa finta iniezione.

- Grazie ai progressi nella tecnologia di neuroimaging, scienziati e medici ora comprendono le regioni cerebrali colpite nei pazienti con anosognosia. L'anosognosia per emiparesi, o inconsapevolezza della paralisi, si verifica tipicamente dopo lesioni estese nell'emisfero destro del cervello, ma può anche derivare da lesioni più piccole nell'area parietale destra. Sebbene spesso coesista con altre sindromi di negligenza, è una condizione distinta. L'anosognosia deriva da un danno alla capacità del cervello di riconciliare le discrepanze negli input sensoriali relativi all'immagine corporea, indipendentemente dal fatto che la parte del corpo colpita si trovi sul lato sinistro o destro. La ricerca suggerisce che l'emisfero sinistro tende a trascurare queste discrepanze, mentre l'emisfero destro è più sensibile alle incongruenze e alle interruzioni. Pertanto, quando l'area parietale destra è danneggiata, l'emisfero sinistro prende il sopravvento e induce il paziente a credere che la propria immagine corporea rimanga invariata e sana.

Delirio di Capgras: i miei genitori sono impostori

- Arthur frequentava la scuola a Santa Barbara quando ebbe un incidente che gli cambiò la vita. La sua auto si scontrò con tale forza che la sua testa colpì il parabrezza, lasciandolo in coma per tre settimane. Una volta ripreso conoscenza, fu sottoposto a una lunga riabilitazione, recuperando alla fine la parola, la mobilità e la memoria degli eventi passati. Sebbene sembrasse tornato quasi alla normalità, manifestava una specifica illusione: credeva che i suoi genitori fossero impostori e nulla poteva convincerlo del contrario. Accettava prontamente i suoi genitori al telefono (tramite la voce), ma ogni volta che li vedeva di persona, insisteva che fossero impostori che fingevano di essere i suoi genitori. Tuttavia, Arthur non aveva problemi a riconoscere i volti dei suoi genitori o di chiunque altro nella sua vita, compresi amici, ex fidanzate e compagni di stanza del college[8]. Ciò suggeriva che Arthur non fosse "pazzo" e che la sua illusione fosse specifica piuttosto che un segno di instabilità mentale globale.

- Ad Arthur è stata diagnosticata la sindrome di Capgras, una rara sindrome neurologica in cui i pazienti credono che i propri parenti stretti, come genitori, coniugi, figli o fratelli, siano impostori, nonostante siano mentalmente lucidi. Questa insolita sindrome può manifestarsi in condizioni psicotiche come la schizofrenia, ma si verifica anche in oltre un terzo dei casi che coinvolgono lesioni cerebrali traumatiche, come quella di Arthur. La sindrome prende il nome dallo psichiatra francese Joseph Capgras, che, insieme a Jean Reboul-Lachaux, la documentò per la prima volta nel 1923. Il loro studio descriveva una donna conosciuta come "Madame Macabre", convinta che suo marito e altre persone a lei familiari fossero stati sostituiti da dei sosia.

- Gli esami sui pazienti affetti dalla sindrome di Capgras hanno rivelato che una disfunzione del lobo temporale, la regione del cervello responsabile del riconoscimento dei volti e degli oggetti, può contribuire allo sviluppo della sindrome. Quando alcune aree specifiche del "percorso visivo" del lobo temporale sono danneggiate, gli individui possono perdere la capacità di riconoscere i volti familiari, un fenomeno illustrato nel libro di Oliver Sacks *L'uomo che scambiò sua moglie per un cappello*. In genere, queste aree di riconoscimento comunicano con il sistema limbico, che genera risposte emotive ai volti familiari. Nel caso di Arthur, il suo percorso di riconoscimento facciale era rimasto intatto, consentendogli di identificare visivamente i suoi genitori. Tuttavia, la connessione critica tra quest'area di riconoscimento e la sua amigdala, la struttura cerebrale responsabile delle risposte emotive, era danneggiata. Di conseguenza, Arthur era in grado di riconoscere i suoi genitori, ma non provava alcun legame emotivo con i loro volti, il che lo portava alla dolorosa conclusione che fossero degli impostori.

- Nel 2010, gli scienziati hanno proposto una teoria rivista sulla sindrome di Capgras per suggerire una spiegazione più mirata. Questa teoria postula che il nostro cervello crei "rappresentazioni ibride" delle persone che conosciamo bene, comprese due componenti distinte: una per i tratti esterni (aspetto, voce) e un'altra per i tratti interni (personalità, emozioni, preferenze). Secondo questa teoria, la sindrome di Capgras insorge quando la componente interna è danneggiata o inaccessibile, facendo sì che la persona appaia fisicamente corretta ma emotivamente "strana", come un impostore. Questa spiegazione è più in linea con le esperienze reali dei pazienti e affronta gli svantaggi della teoria precedente, poiché spiega perché la sola mancanza di riconoscimento emotivo, osservata nei pazienti con danni all'amigdala (vedi Guerriero senza paura), non sempre porta alle allucinazioni di Capgras.

La maledizione dell'assenza di dolore (un'anomalia del sistema nervoso periferico, ma degna di nota!)

- Sebbene in genere odiamo il dolore e facciamo del nostro meglio per evitarlo, alcune persone non lo provano affatto. Edward Gibson, un artista di vaudeville degli anni '30, era una di queste persone. Nonostante avesse subito gravi lesioni come un colpo al viso con un piccone, una ferita da arma da fuoco al dito, il naso rotto, profondi tagli al ginocchio e ustioni, non provava mai dolore. Riusciva persino a sopportare l'inserimento di 50-60 chiodi nel suo corpo e una volta si è fatto conficcare un chiodo nella mano senza provare alcun fastidio. Stefan Betz, uno studente universitario in Germania, ha una condizione simile che gli impedisce di provare dolore. Può immergere le mani in acqua bollente o sottoporsi a un intervento chirurgico senza anestesia. All'età di cinque anni si è morso la punta della lingua e in seguito si è fratturato un piede, ma non ha provato alcun fastidio. Betz non ricorda quante volte è stato in ospedale. Ha avuto un'infezione alla gamba sinistra a seguito di una frattura del tibia subita mentre andava sullo skateboard. Da allora ha imparato a fingere di provare dolore per dissuadersi dal compiere attività pericolose e causare ulteriori danni([27]).

- Edward Gibson e Stefan Betz sono tra le poche centinaia di persone al mondo che soffrono di una condizione nota come insensibilità congenita al dolore, o CIP. Si tratta di una rara malattia genetica, documentata per la prima volta nel 1932. Le persone affette da CIP mantengono normali risposte sensoriali, come la percezione della temperatura, ma spesso assumono comportamenti autodistruttivi che possono portare a una morte prematura. Ad esempio, un ragazzo pakistano è diventato famoso per aver camminato sui carboni ardenti e per essersi pugnalato senza provare dolore, ma è tragicamente morto dopo essersi lanciato da un tetto. Molti pazienti affetti da CIP corrono rischi significativi, tra cui danni alle articolazioni, infezioni e morte accidentale.

- Gli scienziati hanno scoperto che i pazienti affetti da CIP presentano mutazioni nel gene SCN9A. Queste mutazioni alterano il canale del sodio Nav1.7, responsabile della percezione del dolore. Questa scoperta ha suscitato un notevole interesse nello sviluppo di farmaci che agiscono su questo canale del sodio, offrendo un potenziale sollievo ai pazienti affetti da condizioni come il dolore neuropatico e l'osteoartrite. Inoltre, i ricercatori hanno identificato il gene PRDM12, che regola l'attività dei neuroni del dolore, come un altro bersaglio promettente per le terapie del dolore. Sebbene i pazienti affetti da CIP potrebbero non beneficiare direttamente di questi progressi, la loro partecipazione alla ricerca fornisce informazioni cruciali sui meccanismi del dolore e sullo sviluppo di farmaci per la sua gestione.

6.5 Miglioramento delle capacità cerebrali con l'intelligenza artificiale (AI): amica o nemica?

Diventa un superumano: potenziato dall'AI

- Possiamo comunicare senza parlare? L'AI lo sta rendendo possibile. Nel 2018, i ricercatori del MIT hanno sviluppato un'interfaccia informatica chiamata AlterEgo project, in grado di trascrivere le parole che gli utenti "pronunciano silenziosamente" nella loro mente. Il sistema utilizza un dispositivo indossabile con elettrodi posizionati sul viso e sulla mascella per rilevare i sottili segnali neuromuscolari generati dalle verbalizzazioni interne. Questi segnali vengono poi elaborati da un algoritmo di apprendimento automatico che li abbina a parole specifiche([28]) ·Questa tecnologia consente agli utenti di interagire con compiti computazionali senza parlare o utilizzare un'interfaccia visibile. Inoltre, il dispositivo incorpora cuffie a conduzione ossea, che trasmettono il suono attraverso le ossa facciali, consentendo agli utenti di ricevere informazioni in modo discreto senza ostacolare il loro udito. Un'applicazione chiave dimostrata con il progetto AlterEgo è stata quella di giocare una partita di scacchi silenziosa, in cui gli utenti potevano comunicare le loro mosse e ricevere consigli dal computer senza vocalizzarli. L'obiettivo finale è quello di creare una piattaforma di potenziamento dell'intelligenza senza soluzione di continuità che integri la cognizione umana e con la potenza computazionale. Gli attuali prototipi richiedono solo quattro elettrodi e gli studi hanno dimostrato un tasso di accuratezza della trascrizione del 92%. Questa tecnologia ha un immenso potenziale per applicazioni in ambienti rumorosi, scenari che richiedono una comunicazione silenziosa (ad esempio, operazioni speciali) e per assistere persone con disabilità del linguaggio, come quelle che hanno perso le capacità vocali.

- Il potere dell'IA non si ferma qui. Nel 2024, il gruppo di ricerca Fluid Interfaces del MIT, guidato dalla scienziata fiamminga Pattie Maes, sta sviluppando un'interfaccia cervello-computer (BCI) che consente agli utenti di controllare gli oggetti usando la mente. Il dispositivo, simile a un paio di occhiali, utilizza sensori per leggere l'attività delle onde cerebrali attraverso l'elettroencefalogramma (EEG) e tracciare i movimenti oculari. Questa tecnologia è in grado di determinare la concentrazione e l'attenzione dell'utente, aiutando potenzialmente nel trattamento di disturbi come il disturbo da deficit di attenzione/iperattività (ADHD) fornendo un feedback sull'attenzione. Ancora più sorprendente è il fatto che questa tecnologia sia promettente per le persone con gravi disabilità, come la sclerosi laterale amiotrofica (SLA) in stadio avanzato, consentendo loro di comunicare attraverso i segnali cerebrali. Ad esempio, i pazienti potrebbero guardare le lettere per comporre parole, che verrebbero poi vocalizzate da un'app([29]) ·Maes, pioniera nel campo dell'aumento delle capacità umane, dà la priorità al potenziamento dell'intelligenza umana rispetto allo sviluppo di macchine che la superano. Sostiene l'uso della tecnologia per potenziare le capacità umane, consentendo alle persone di raggiungere ciò che attualmente è fuori dalla loro portata. Questa visione contrasta con l'approccio di aziende come OpenAI e Google, che si concentrano sulla creazione di macchine intelligenti. Maes ritiene che l'aumento delle capacità umane sia un percorso più interessante, che mira a trasformare gli individui in "superumani" piuttosto che sostituire i ruoli umani con l'intelligenza artificiale.

- Nel frattempo, l'intelligenza artificiale ha anche un enorme potenziale nel migliorare la nostra assistenza sanitaria. Neuralink, uno dei principali sviluppatori della tecnologia di interfaccia cervello-computer (BCI), ha recentemente mostrato i suoi progressi con un video che presenta il primo ricevente umano del suo dispositivo BCI. Il ricevente, un ventinovenne paralizzato dalle spalle in giù, ha dimostrato la capacità di giocare a scacchi al computer controllando un cursore con la mente, un'impresa simile agli esperimenti del 2006 ma realizzata con una tecnologia significativamente più sofisticata. L'impianto è wireless e discreto, costituito da un hub delle dimensioni di una moneta nel cranio e 64 fili flessibili inseriti nella corteccia motoria per registrare l'attività neurale. Sebbene le difficoltà iniziali con la stabilità degli elettrodi abbiano richiesto alcune modifiche, il design aggiornato riflette i progressi verso una perfetta integrazione cervello-computer([30]·Neuralink, guidata dall'ambizione del fondatore Elon Musk di migliorare e ripristinare le funzioni cerebrali, ha delineato gli obiettivi per i futuri BCI per affrontare condizioni come psicosi, convulsioni e perdita di memoria, con potenziali applicazioni che coinvolgono l'integrazione dell'intelligenza artificiale. Nonostante questi progressi, gli esperti invitano alla cautela, sottolineando la necessità di affrontare le considerazioni etiche prima di una più ampia applicazione sull'uomo.

- Sebbene Neuralink possa dominare i titoli dei giornali nel campo delle interfacce cervello-computer, diverse altre aziende stanno compiendo progressi significativi con approcci diversi. L' e Synchron, con sede a New York, ad esempio, ha già impiantato il suo dispositivo in dieci persone e ha avviato un registro dei pazienti per una sperimentazione clinica più ampia. L'azienda è sostenuta da investitori di alto profilo come Bill Gates e Jeff Bezos. Sebbene la maggior parte delle aziende in questo campo miri ad assistere coloro che non sono in grado di muoversi o parlare catturando l'attività cerebrale per interpretare le intenzioni dell'utente, i loro metodi variano in termini di invasività. Neuralink e Paradromics, ad esempio, optano per l'inserimento di elettrodi profondi nella corteccia. Ciò consente l'acquisizione di dati ad alta risoluzione, rendendo possibili attività come la decodifica del linguaggio. Al contrario, lo "Stentrode" di Synchron evita la chirurgia a cervello aperto posizionando gli elettrodi nei vasi sanguigni sopra la corteccia motoria. Nel frattempo, l'array Utah di Blackrock Neurotech, un punto di riferimento nella ricerca accademica dal 2004, ha ricevuto la designazione "Breakthrough" dalla FDA. Tuttavia, offre una larghezza di banda di dati inferiore rispetto al dispositivo di Neuralink. Un altro attore emergente, Precision Neuroscience, impiega un metodo minimamente invasivo con un sottile array di elettrodi che scivola sulla corteccia. Motif Neurotech, d'altra parte, sta perseguendo un dispositivo innovativo non invasivo, concentrandosi sul trattamento dei disturbi dell'umore piuttosto che sulla decodifica di dati complessi. Con progressi così rapidi, il controllo della tecnologia tramite il pensiero non è più fantascienza, anche se gli obiettivi di trasformazione più ampi fissati da aziende come Neuralink rimangono lontani.

Preoccupazioni relative all'IA: il rischio di dominazione e sostituzione

- Nel marzo 2016, l'algoritmo di IA AlphaGo, sviluppato da DeepMind di Google, ha ottenuto una vittoria rivoluzionaria sconfiggendo per 4-1 il miglior giocatore di Go al mondo, Lee Sedol. Padroneggiare l'antico gioco del Go è stato a lungo considerato una delle sfide più difficili per l'intelligenza artificiale. A differenza dei precedenti successi dell'IA in giochi come gli scacchi, che si basavano su strategie preprogrammate, AlphaGo ha imparato a giocare a Go utilizzando un algoritmo di deep learning generico. Questo approccio ha permesso ad AlphaGo di interpretare i complessi schemi e le strategie del Go, che comporta più possibili configurazioni del tabellone di quanti siano gli atomi nell'universo. La straordinaria performance di AlphaGo è evidenziata dalla sua capacità di sconfiggere per cinque volte consecutive il campione europeo di Go Fan Hui e dal suo dominio sugli altri programmi per computer, vincendo il 99,8% delle partite. Ciò che rende questo risultato ancora più straordinario è che AlphaGo gioca in modo simile all'intuizione e alla strategia umana, piuttosto che affidarsi esclusivamente alla forza di calcolo bruta[(31)]·Questo comportamento simile a quello umano evidenzia la potenza del deep learning e le sue potenziali applicazioni nella risoluzione di problemi complessi al di là dei giochi, come le diagnosi mediche e la modellizzazione climatica.

- Nonostante la sua convenienza, l'intelligenza artificiale pone problemi crescenti. Uno di questi è rappresentato dalle truffe deepfake AI che prendono di mira persone rispettabili, come gli scienziati, con rischi significativi per la reputazione e la professione. Ad esempio, l'urologo sudafricano Kgomotso Mathabe ha scoperto un video deepfake di se stessa che promuoveva un farmaco falso, causando truffe finanziarie e danni alla sua reputazione. Allo stesso modo, lo specialista indiano in diabetologia Viswanathan Mohan ha subito attacchi deepfake, con video che lo ritraevano falsamente mentre promuoveva prodotti a base di erbe[(32)]·Questi video generati dall'intelligenza artificiale hanno causato molti problemi sociali ed etici.

- La rapida ascesa dell'IA sta anche ridefinendo il mercato del lavoro, creando sia opportunità che sconvolgimenti. Un sondaggio condotto da ResumeBuilder nel

2023 ha indicato che il 37% delle aziende che utilizzano l'IA ha già sostituito i lavoratori e il 44% prevede licenziamenti causati dall'IA nel 2024. Questa tendenza sta avendo un impatto su un'ampia gamma di settori, tra cui la sanità, l'agricoltura e la produzione. Molti esperti concordano sul fatto che l'IA automatizzerà completamente alcuni lavori entro i prossimi cinque-dieci anni. I ruoli particolarmente a rischio includono addetti al servizio clienti, autisti, programmatori informatici, analisti di ricerca, assistenti legali, operai, trader finanziari, consulenti di viaggio, autori di contenuti (in alcuni casi) e grafici. Tuttavia, alcuni lavori sono meno suscettibili di essere sostituiti dall'intelligenza artificiale a causa della loro natura intrinsecamente creativa, empatica o complessa. Tra questi figurano ruoli quali insegnanti, infermieri, assistenti sociali, terapisti, tuttofare, avvocati, specialisti delle risorse umane, scrittori e artisti([33]) .

- Nonostante le preoccupazioni relative all'automazione, l'IA offre vantaggi significativi sul posto di lavoro. Tra questi figurano una maggiore attenzione alle attività più coinvolgenti, una maggiore efficienza e giornate lavorative potenzialmente più brevi, un processo decisionale più informato, una maggiore capacità di innovazione e di risoluzione dei problemi e la possibilità di offrire interazioni più personalizzate con i clienti. Inoltre, l'IA sta creando nuovi posti di lavoro, in particolare nel campo dell'apprendimento automatico e dell'etica dell'IA, poiché la supervisione umana è essenziale per l'addestramento, il monitoraggio e il perfezionamento dei sistemi di IA. L'impatto dell'IA può essere paragonato alla rivoluzione industriale, in cui i ruoli lavorativi sono cambiati e si sono evoluti piuttosto che scomparire semplicemente, portando a nuovi tipi di opportunità di lavoro. L'iniziativa del MIT "Shaping the Future of Work" (Plasmare il futuro del lavoro), lanciata il 22 gennaio 2024 e guidata dai professori Daron Acemoglu, David Autor e Simon Johnson, propone lo sviluppo di strumenti di IA che potenzino i lavoratori umani invece di sostituirli. Questo approccio mira a consentire ai lavoratori meno qualificati di assumere compiti più specializzati e a creare una gamma più ampia di opportunità di lavoro per individui con competenze diverse.

Note

1. Walløe, S., Pakkenberg, B., & Fabricius, K. (2014). Stima stereologica del numero totale di cellule nella corteccia cerebrale e cerebellare umana. *Frontiers in Human Neuroscience*, *8*. https://doi.org/10.3389/fnhum.2014.00508

2. Solan, M. (1 agosto 2021). *Il libro della neurogenesi*. Harvard Health. https://w

ww.health.harvard.edu/mind-and-mood/the-book-of-neurogenesis

3. Spector, R. (21 settembre 2022). *Come differiscono il cervello maschile da quello femminile | Stanford Medicine.* Stanford Medicine Magazine. https://stanmed.stanford.edu/how-mens-and-womens-brains-are-different/

4. Banissy, M. J., & Ward, J. (2007). La sinestesia specchio-tatto è collegata all'empatia. *Nature Neuroscience, 10*(7), 815–816. https://doi.org/10.1038/nn1926

5. Bates, B. C. (3 aprile 2018). *Il medico che sente davvero il dolore dei suoi pazienti.* https://www.bbc.com/news/stories-43572639

6. Feinstein, J. S., Adolphs, R., Damasio, A., & Tranel, D. (2010). L'amigdala umana e l'induzione e l'esperienza della paura. *Current Biology, 21(*1), 34–38.https://doi.org/10.1016/j.cub.2010.11.042

7. Feinstein, J. S., Buzza, C., Hurlemann, R., Follmer, R. L., Dahdaleh, N. S., Coryell, W. H., Welsh, M. J., Tranel, D., & Wemmie, J. A. (2013). Paura e panico negli esseri umani con danno bilaterale all'amigdala. *Nature Neuroscience, 16(*3), 270–272. https://doi.org/10.1038/nn.3323

8. Ramachandran, V. S., & Blakeslee, S. (1999). *Fantasmi nel cervello.* Fourth Estate.

9. De Haan, E. H. F., Corballis, P. M., Hillyard, S. A., Marzi, C. A., Seth, A., Lamme, V. a. F., Volz, L., Fabri, M., Schechter, E., Bayne, T., Corballis, M., & Pinto, Y. (2020). Cervello diviso: cosa sappiamo oggi e perché è importante per comprendere la coscienza. *Neuropsychology Review, 30(*2), 224–233. https://doi.org/10.1007/s11065-020-09439-3

10. Robson, D. (24 febbraio 2022). *Visione cieca: la forma più strana di coscienza.* https://www.bbc.com/future/article/20150925-blindsight-the-strangest-form-of-consciousness

11. De Gelder, B., Tamietto, M., Van Boxtel, G., Goebel, R., Sahraie, A., Van Den Stock, J., Stienen, B. M., Weiskrantz, L., & Pegna, A. (2008). Capacità di orientamento intatte dopo perdita bilaterale della corteccia striata. *Current Biology, 18(*24), R1128–R1129.https://doi.org/10.1016/j.cub.2008.11.002

12. Kim, H., Han, J., Park, Y. H., Kim, B. J., Yang, W., & Kim, S. (2017). Arto fantasma soprannumerario in un paziente con emorragia dei gangli della base: un caso clinico e revisione della letteratura. *BMC Neurology*, *17*(1). https://doi.org/10.1186/s12883-017-0962-7

13. Zernitz, M., Rizzello, C., Rigoni, M., & Van De Winckel, A. (2024). Caso clinico: sollievo dal dolore da arto fantasma dopo riabilitazione cognitiva multisensoriale. *Frontiers in Pain Research*, *5*. https://doi.org/10.3389/fpain.2024.1374141

14. ABC News. (7 ottobre 2011). *La vita di un ex giocatore di football cancellata dall'amnesia retrograda*. https://abcnews.go.com/Health/football-player-scott-bolzans-life-deleted-irreversible-amnesia/story?id=14616045

15. *I ricercatori ritrovano i ricordi "persi"*. (28 maggio 2015). MIT News | Massachusetts Institute of Technology. https://news.mit.edu/2015/optogenetics-find-lost-memories-0528

16. Day, E. (22 febbraio 2017). Era cattivo, quindi gli hanno conficcato un rompighiaccio nel cervello... *The Guardian*. https://www.theguardian.com/science/2008/jan/13/neuroscience.medicalscience

17. Edwards, S. (19 dicembre 2011). Decifrare il cervello degli adolescenti. *Harvard Medical School*. https://hms.harvard.edu/news/deciphering-teenage-brain

18. Hoffman, T. (23 novembre 2012). L'uomo il cui cervello ignora metà del suo mondo. *The Guardian*. https://www.theguardian.com/science/blog/2012/nov/23/man-brain-ignores-half-world

19. Ogden, J. (11 settembre 2012). Il bizzarro disturbo dell'emineglect | BrainLine. *BrainLine*. https://www.brainline.org/article/bizarre-disorder-hemineglect

20. Andrew, E. (24 settembre 2021). *Incontra l'uomo sano e funzionante che è sopravvissuto quasi senza cervello*. IFLScience. https://www.iflscience.com/man-tiny-brain-lived-normal-life-31083

21. Lewin, R. (1980). Il tuo cervello è davvero necessario? *Science*, *210*(4475), 1232–1234. https://doi.org/10.1126/science.7434023

22. Ksla. (12 settembre 2014). Ragazzo di Keithville nato senza cervello muore a 12

anni. *https://www.ksla.com*.https://www.ksla.com/story/26405843/keithville-boy-born-without-brain-dies-at-12/?autostart=true

23. Bodien, Y. G., Allanson, J., Cardone, P., Bonhomme, A., Carmona, J., Chatelle, C., Chennu, S., Conte, M., Dehaene, S., Finoia, P., Heinonen, G., Hersh, J. E., Kamau, E., Lawrence, P. K., Lupson, V. C., Meydan, A., Rohaut, B., Sanders, W. R., Sitt, J. D., . . . Schiff, N. D. (2024). Dissociazione cognitiva-motoria nei disturbi della coscienza. *New England Journal of Medicine, 391(*7), 598–608. https://doi.org/10.1056/nejmoa2400645

24. Boseley, S. (26 novembre 2017). Pensa al tennis per dire sì, alla casa per dire no: come i medici hanno aiutato un uomo in stato vegetativo. *The Guardian*. https://www.theguardian.com/science/2010/feb/03/vegetative-state-patient-communication

25. Owen, A. M., Coleman, M. R., Boly, M., Davis, M. H., Laureys, S., & Pickard, J. D. (2006). Rilevare la consapevolezza nello stato vegetativo. *Science, 313(*5792), 1402. https://doi.org/10.1126/science.1130197

26. The MIT Press Reader. (3 ottobre 2022). *Il curioso caso della sindrome di Alice nel Paese delle Meraviglie*. https://thereader.mitpress.mit.edu/the-curious-case-of-alice-in-wonderland-syndrome/

27. Cox, D. (24 febbraio 2022). *La maledizione delle persone che non provano mai dolore*. https://www.bbc.com/future/article/20170426-the-people-who-never-feel-any-pain

28. *Il sistema informatico trascrive le parole che gli utenti "pronunciano silenziosamente"*. (4 aprile 2018). MIT News | Massachusetts Institute of Technology. https://news.mit.edu/2018/computer-system-transcribes-words-users-speak-silently-0404

29. Flanders News. (5 aprile 2024). Risultati sorprendenti: l'"interfaccia cervello-computer" consente all'utente di spostare oggetti con la mente (VIDEO). *vrtnws.be*. https://www.vrt.be/vrtnws/en/2024/04/05/augmented-reality-ai-mit/

30. Naddaf, M., & Drew, L. (2024). Secondo impianto cerebrale di Neuralink di Elon Musk: funzionerà meglio del primo? *Nature, 632*(8025), 481–482. https://doi.org/10.1038/d41586-024-02368-8

31. Gibney, E. L'algoritmo di Google AI padroneggia l'antico gioco del Go. *Nature* 529, 445–446 (2016). https://doi.org/10.1038/529445a

32. Nordling, L. (2024). Gli scienziati sono vittime delle truffe dei video deepfake generati dall'intelligenza artificiale: ecco come combatterle. *Nature*. https://doi.org/10.1038/d41586-024-02521-3

33. Urwin, M. (19 luglio 2024). L'intelligenza artificiale sta sostituendo i posti di lavoro: cosa c'è da sapere sul futuro del lavoro. *Built In*. https://builtin.com/artificial-intelligence/ai-replacing-jobs-creating-jobs

Chapter 7

La mente sfuggente ma potente

7.1 L'incredibile connessione mente-corpo

L'effetto placebo: lo senti quando ci credi

- Il nostro cervello può essere indotto a credere che un trattamento falso sia reale, innescando una risposta di guarigione nota come effetto placebo. La ricerca scientifica ha dimostrato che i placebo possono essere efficaci quanto i trattamenti convenzionali nell'alleviare il dolore causato dall'emicrania e dall'osteoartrite. I placebo agiscono probabilmente innescando il rilascio di neurotrasmettitori come le endorfine e la dopamina, associati al piacere e al benessere.

- I placebo spesso funzionano perché le persone non sanno di assumerli. Ma cosa succede se lo si sa? Uno studio pubblicato su *Science Translational Medicine* ha testato tre diversi trattamenti su pazienti affetti da attacchi di emicrania: un gruppo ha ricevuto un farmaco contro l'emicrania etichettato con il nome del farmaco, un altro ha ricevuto un placebo etichettato come "placebo" e un terzo gruppo non ha ricevuto né farmaci né placebo. I ricercatori hanno scoperto che il placebo era efficace al 50% rispetto al farmaco reale nel ridurre il dolore dell'emicrania, anche quando i pazienti sapevano di assumere un placebo([1]).

- Contrario all'effetto placebo è l'effetto nocebo. L'effetto nocebo descrive gli esiti negativi che possono verificarsi se crediamo che qualcosa possa danneggiare il nostro corpo. La ricerca dimostra che se crediamo che un trattamento sarà doloroso o avrà effetti collaterali, siamo più propensi a provare dolore o effetti collaterali (come spasmi muscolari e dolore toracico). Gli effetti nocebo comuni includono dolore, dolori muscolari, effetti collaterali sessuali, prurito e problemi di memoria.

- L'effetto nocebo sembra essere più comune nelle persone che soffrono di ansia o depressione, con determinati tratti della personalità (come essere pessimisti, nevrotici o altamente competitivi) o a cui viene detto che il trattamento causerà dolore o effetti collaterali indesiderati. In uno studio del 2017, gli scienziati hanno scoperto che il prezzo di un farmaco può modulare l'elaborazione del dolore. I pazienti hanno riferito un dolore più intenso quando un trattamento fittizio era etichettato come un farmaco costoso rispetto a quando era etichettato come un farmaco economico, anche se non ricevevano alcun trattamento attivo([2]).

In senso antiorario: l'invecchiamento è solo nella tua mente

- Probabilmente l'esperimento più sorprendente sulla connessione mente-corpo è stato quello denominato "Counterclockwise" (In senso antiorario), condotto dalla psicologa sociale di Harvard Ellen Langer. Nel 1979, Langer invitò otto uomini anziani tra i 70 e gli 80 anni in un ritiro meticolosamente progettato per ricreare l'atmosfera del 1959, trasportandoli 20 anni indietro nel tempo. L'ambiente era stato ricreato con cura utilizzando mobili, giornali, libri e programmi televisivi dell'epoca. Agli uomini era stato chiesto di immergersi completamente nell'esperienza come se fossero davvero tornati al 1959. Ciò comportava discutere degli avvenimenti dell'epoca, parlare di sé stessi al presente come se fossero più giovani ed evitare qualsiasi riferimento alla loro età reale ( ). I risultati sono stati notevoli: dopo solo una settimana, i partecipanti hanno mostrato miglioramenti misurabili in diversi indicatori di salute, tra cui la vista, l'udito, la memoria, la destrezza e la forza. Anche le loro prestazioni cognitive sono migliorate. Inoltre, quando le foto scattate prima e dopo il ritiro sono state mostrate a osservatori indipendenti, gli uomini apparivano notevolmente più giovani nelle immagini "dopo"([3]).

- Questa connessione mente-corpo non è limitata agli anziani. Nel 2016, il team di ricerca della Langer ha scoperto che la nostra mente può influenzare i livelli di zucchero nel sangue semplicemente credendo a quanto tempo è passato. In questo studio, i ricercatori hanno assegnato in modo casuale 47 partecipanti con diabete di tipo 2 a una delle tre condizioni di percezione del tempo: veloce, normale e lento. Ai partecipanti è stato poi chiesto di giocare a semplici videogiochi per 90 minuti. Quelli nella condizione normale vedevano un orologio che mostrava il tempo effettivamente trascorso, mentre quelli nelle condizioni lento e veloce vedevano orologi che indicavano rispettivamente 45 e 180 minuti trascorsi. Sorprendentemente, alla fine della sessione di 90 minuti, i livelli di glucosio nel sangue dei partecipanti riflettevano il tempo percepito (45, 90 o 180 minuti) piuttosto che il tempo effettivamente trascorso(4)· Ciò suggerisce che un semplice trucco mentale può indurre il corpo ad adeguare i propri livelli di glucosio nel sangue.

- In uno studio simile condotto nel 2023, il team di Langer ha inflitto piccole ferite ai partecipanti e ha utilizzato le stesse tre condizioni di percezione del tempo, con un tempo effettivo trascorso di 28 minuti per tutti i gruppi. Le ferite sono guarite in modo significativamente più rapido nella condizione "Tempo veloce" rispetto alle condizioni "Tempo normale" e "Tempo lento", a ulteriore conferma del concetto di unità mente-corpo[5] .

Esercizi mentali: diventare più forti e magri... usando la mente?

- Se credi ancora che la perdita di peso si ottenga solo bruciando un determinato numero di calorie, ripensaci. Uno studio affascinante ha indagato come le convinzioni sull'attività fisica possano influenzare la salute, anche senza cambiamenti comportamentali effettivi. In questo studio, i ricercatori hanno reclutato 84 addetti alle pulizie di un hotel, informando metà di loro che il loro lavoro quotidiano (pulizia delle camere) soddisfaceva le linee guida federali sull'esercizio fisico, mentre l'altra metà non è stata informata. Sorprendentemente, dopo sole quattro settimane, il gruppo informato ha mostrato significativi miglioramenti fisici: perdita di peso, abbassamento della pressione sanguigna, miglioramento del rapporto vita-fianchi e riduzione dell'indice di massa corporea, il tutto senza cambiamenti nell'attività, nel carico di lavoro o nella dieta(6) ·Questi risultati supportano il concetto di "Activity Adequacy Mindsets" (AAM), suggerendo che credere che il proprio livello di attività sia salutare può avere un impatto positivo su misure fisiologiche come la frequenza cardiaca e la pressione sanguigna(7) .

- In un altro esperimento, gli scienziati hanno scoperto che l'allenamento mentale può indurre un aumento della forza senza eseguire esercizi fisici. Nel loro esperimento, 30 giovani volontari sani sono stati divisi in quattro gruppi per allenare i muscoli abduttori del mignolo e i muscoli flessori del gomito, che sono frequentemente utilizzati nelle attività quotidiane. Un gruppo di 8 persone ha eseguito "contrazioni mentali" dell'abduzione del mignolo, un gruppo di 8 ha eseguito contrazioni mentali della flessione del gomito, un gruppo di 6 ha eseguito esercizi fisici per l'abduzione del mignolo e la flessione del gomito, mentre l'ultimo gruppo di 8 non ha eseguito alcun allenamento fisico o mentale, ma ha semplicemente partecipato a tutti gli esperimenti come gruppo di controllo. Dopo 12 settimane di allenamento di 15 minuti al giorno, 5 giorni alla settimana, il gruppo che ha svolto l'allenamento fisico ha aumentato la forza di abduzione delle dita del 53%. È interessante notare che i gruppi di allenamento mentale hanno registrato un aumento del 35% e del 13,5% rispettivamente nella forza di abduzione delle dita e di flessione del gomito, mentre il gruppo di controllo non ha mostrato un aumento significativo della forza muscolare. Gli scienziati hanno confermato il miglioramento della forza muscolare dei gruppi di allenamento mentale misurando il potenziale corticale derivato dall'elettroencefalogramma(8) ·La prossima volta che ti senti troppo stanco per andare in palestra, prova questo metodo per aumentare la massa muscolare!

- Gli esperimenti sopra citati non sono casi isolati. Fin dagli anni '30, gli scienziati studiano come le pratiche mentali possano migliorare le prestazioni atletiche. In uno studio precedente del 1978, 32 studenti universitari sono stati assegnati in modo casuale a uno dei quattro gruppi per testare l'impatto della pratica mentale sulla capacità di lanciare le freccette. Il gruppo di controllo non ha ricevuto alcuna pratica, mentre gli altri tre gruppi si sono impegnati in diverse forme di pratica: solo prove mentali, prove mentali con movimenti motori simulati e pratica fisica diretta. Ai partecipanti del gruppo delle prove mentali è stato chiesto di chiudere gli occhi e immaginare vividamente il processo di lancio delle freccette, concentrandosi su dettagli sensoriali come la sensazione delle freccette nelle loro mani, la vista del bersaglio e il suono delle freccette che colpiscono il bersaglio. Il gruppo mentale/motorio ha combinato la ripetizione mentale con i movimenti fisici, imitando l'atto del lancio senza un dardo reale. Il gruppo di pratica diretta si è dedicato alla pratica fisica tradizionale, lanciando freccette al bersaglio. Dopo sei giorni, tutti i gruppi di pratica hanno mostrato un miglioramento significativo rispetto al gruppo di controllo. È degno di nota il fatto che il gruppo di pratica mentale abbia migliorato le proprie capacità quasi quanto il gruppo di pratica fisica diretta(9) 'sottolineando ancora una volta il potere della mente!

- L'abilità nel lancio delle freccette è solo una delle tante abilità motorie testate. Infatti, gli scienziati hanno studiato approfonditamente gli effetti della pratica mentale su varie abilità motorie, tra cui i tiri liberi nel basket, il badminton, il pattinaggio di velocità, il tip tap, la giocoleria con le bacchette, il lancio nel softball, il chipping nel golf e il dribbling nel calcio. Attraverso la meta-analisi (una tecnica statistica che combina i risultati di più studi), i ricercatori hanno concluso che la pratica mentale migliora significativamente l'apprendimento e la conservazione delle abilità motorie ([10,11]. Grazie al suo impatto positivo, la pratica mentale è ora utilizzata in vari campi. Gli atleti la utilizzano per migliorare le prestazioni in sport come il basket, il golf e la danza. I musicisti, come i pianisti, ricorrono alla pratica mentale per imparare nuovi brani, mentre i professionisti del settore medico, compresi i chirurghi, affinano le loro abilità procedurali attraverso la visualizzazione. Inoltre, la pratica mentale aiuta il recupero dopo un ictus, aiutando i pazienti a ritrovare la mobilità e riducendo la perdita di forza negli arti immobilizzati a causa di lesioni.

Il potere curativo della mente

- Il percorso di guarigione del lama tibetano Phakyab Rinpoche offre un esempio straordinario del potenziale della mente di guarire il corpo. Autore del libro *Meditation Saved My Life*, Rinpoche ha affrontato gravi condizioni mediche dopo aver subito una brutale prigionia in Cina e una fuga estenuante. Ha sviluppato una cancrena alla caviglia destra, una condizione pericolosa per la vita che si verifica quando i tessuti muoiono a causa della mancanza di flusso sanguigno o di una grave infezione batterica. Inoltre, soffriva di fratture ossee e tubercolosi spinale. I medici di New York ritenevano che l'amputazione fosse l'unico modo per salvargli la vita. Tuttavia, una lettera del Dalai Lama, che poneva la domanda: "Perché cerchi la guarigione al di fuori di te stesso?", ha ispirato Rinpoche a esplorare un percorso alternativo: la meditazione. Con anni di esperienza nella meditazione e una profonda conoscenza delle pratiche di guarigione tibetane, Rinpoche lasciò l'ospedale e intraprese un ritiro autoguidato. Dedicò quattordici ore al giorno alla meditazione e alla preghiera, sfidando gradualmente le previsioni mediche. La caviglia infetta guarì e le ossa cominciarono a rigenerarsi. Tre anni dopo, raggiunse la completa guarigione, riacquistando la capacità di camminare normalmente.

- In un'intervista, Phakyab Rinpoche ha sottolineato che la compassione è stata la chiave del suo successo nella guarigione. Egli crede che la vera guarigione inizi nella mente e sia alla portata di tutti. Non si tratta solo di miracoli medici, ma di coltivare la compassione e la trasformazione interiore nella vita quotidiana. Rinpoche si avvicina agli altri con cuore aperto, vedendoli come esseri umani, ciascuno con il potenziale di gentilezza e crescita. Egli sottolinea la pratica della compassione e della meditazione dell'amorevole gentilezza per coltivare la pace interiore. Secondo Rinpoche, un'eccessiva concentrazione su se stessi può ostacolare la pace, mentre la compassione apre la "porta interiore". Questo calma i pensieri egocentrici e favorisce l'apertura del cuore e della mente. La meditazione, in particolare lo "shamatha" (meditazione della calma dimorante), silenzia le distrazioni mentali, promuovendo un senso di calma sia nel corpo che nella mente([12]) .

- Utilizzando tecniche avanzate di neuroimaging, i neuroscienziati hanno rivelato come la meditazione possa rimodellare il nostro cervello. Un team di ricerca di Harvard guidato da Sara Lazar ha utilizzato la risonanza magnetica funzionale (fMRI) per esaminare 16 partecipanti prima e dopo un programma di mindfulness della durata di otto settimane. I partecipanti hanno svolto esercizi di mindfulness per una media di 27 minuti al giorno. Al termine del programma di otto settimane, tutti i partecipanti hanno riportato miglioramenti significativi nei questionari sulla mindfulness. Le scansioni cerebrali hanno rivelato un aumento della materia grigia nell'ippocampo, una regione del cervello fondamentale per l'apprendimento e la memoria. Inoltre, i partecipanti hanno anche riportato una riduzione dei livelli di stress, che era correlata alla diminuzione della densità della materia grigia nell'amigdala, un'area associata all'ansia e allo stress([13]) ·Questi cambiamenti cerebrali sono stati osservati esclusivamente nel gruppo che ha praticato la meditazione, suggerendo che la pratica della mindfulness può innescare cambiamenti strutturali e funzionali nel nostro cervello.

Crescita delle dita: un esperimento di 1 minuto per testare il potere della tua mente

- Dopo aver letto tutto questo, ti sei chiesto quale sia il potere della tua mente? Ora hai l'occasione di scoprirlo. La tua mente può cambiare il tuo corpo in pochi secondi e le tue dita sono un ottimo obiettivo per il potere della tua mente. Per far crescere le dita usando la mente, inizia allineando la mano sinistra e la mano destra per confrontare la lunghezza delle dita: dovrebbero essere simili, anche se non esattamente uguali. Quindi, separa le mani, chiudi gli occhi e rilassati. Allunga la mano che desideri allungare e concentrati su di essa, ripetendo a te stesso: "Si sta allungando, si sta allungando". Visualizza qualcosa che cresce, come l'erba che germoglia o un albero che spunta, per rafforzare l'idea. Dopo aver praticato questo esercizio per 15-30 secondi (potrebbe volerci più tempo per vedere un effetto), apri gli occhi, riallinea le mani e confronta le dita per vedere di quanto sono cresciute. Sono sicuro che il risultato ti sorprenderà!

7.2 La mente inconscia: operare al di là della consapevolezza

- Sigmund Freud, spesso definito il "padre della psicologia", sviluppò la teoria della psicoanalisi all'inizio del 1890. Questa teoria ha avuto un impatto significativo sulla nostra comprensione della mente umana e delle sue funzioni. Freud propose che la mente umana fosse composta da tre livelli di coscienza: il conscio, il preconscio (o subconscio) e l'inconscio. Sottolineò il ruolo sostanziale della mente inconscia nell'influenzare il comportamento. Secondo Freud, la mente inconscia ospita ricordi, pensieri e impulsi repressi che non sono facilmente accessibili alla nostra consapevolezza cosciente. Questi tre livelli di coscienza sono spesso paragonati a un iceberg, dove la mente cosciente è solo la punta visibile sopra l'acqua, mentre la mente inconscia rappresenta la vasta parte nascosta sotto la superficie.

- Sebbene utilizziamo quotidianamente la nostra mente cosciente, spesso non ci rendiamo conto che molti dei nostri comportamenti sono guidati dall'inconscio. Ciò è vividamente illustrato nei casi di pazienti con cervello diviso e in quelli con visione cieca (Capitolo 6). Ad esempio, i pazienti con cervello diviso potrebbero indicare o disegnare qualcosa con precisione, ma non essere in grado di spiegare verbalmente le loro azioni. Allo stesso modo, le persone con visione cieca possono muoversi in un corridoio ed evitare perfettamente gli ostacoli, il tutto senza la consapevolezza cosciente di come lo fanno. In un esempio estremo, i pazienti affetti da anosognosia sembravano sopprimere i ricordi nel loro inconscio e passare da un'identità all'altra: una in cui credevano di essere perfettamente sani, l'altra in cui riconoscevano le loro condizioni di salute. Questi fenomeni sollevano una domanda profonda: il nostro libero arbitrio, la mente cosciente su cui facciamo affidamento, è veramente libero o è solo un'illusione?

- Forse la prova più diretta del ruolo del nostro subconscio/inconscio proviene dagli studi di scansione cerebrale. Utilizzando la risonanza magnetica funzionale (fMRI), gli scienziati possono osservare l'attività cerebrale dei soggetti durante il processo decisionale. In un esperimento, i soggetti hanno guardato una serie di lettere su uno schermo e, ogni volta che ne sentivano l'impulso, hanno scelto di premere un pulsante a sinistra o a destra. È stato chiesto loro di ricordare la lettera visualizzata al momento della decisione e in seguito di indicare la loro scelta selezionando quella lettera. I ricercatori hanno utilizzato la fMRI per analizzare l'attività cerebrale e vedere se fosse possibile prevedere la scelta di ciascun soggetto prima che raggiungesse la consapevolezza cosciente. Hanno scoperto che due regioni del cervello, la corteccia frontopolare (BA10) e la corteccia parietale, mostravano un'attivazione che prevedeva la pressione del pulsante fino a 10 secondi prima che il soggetto decidesse consapevolmente([14]) ·Ciò suggerisce che l'attività cerebrale inconscia influenza le decisioni anche prima che entrino nella nostra consapevolezza cosciente. Uno studio successivo sulla selezione dei prodotti di consumo ha inoltre rivelato che brevi periodi di pensiero inconscio (UT) all'interno di specifiche regioni cerebrali (vale a dire la corteccia prefrontale dorsolaterale destra e la corteccia visiva sinistra) hanno contribuito a migliorare il processo decisionale. Ciò implica che il nostro cervello è in grado di elaborare e integrare le informazioni per supportare decisioni più intelligenti, anche senza pensiero cosciente([15]).

- Le prove scientifiche suggeriscono che la nostra mente inconscia ha almeno due proprietà. In primo luogo, è molto potente e può cambiare il nostro corpo in modi che la mente cosciente non può. Mentre la nostra mente cosciente può influenzare temporaneamente il nostro corpo, ad esempio allungando le mani/dita attraverso la visualizzazione, questi effetti durano solo pochi minuti. Al contrario, la mente inconscia potrebbe produrre cambiamenti duraturi. Ad esempio, alcuni studi hanno dimostrato che i pazienti possono eliminare le verruche, protuberanze dure e in rilievo causate dal papillomavirus umano (HPV), semplicemente "pensandole via". In uno studio pubblicato su *The Lancet,* 21 pazienti con verruche sono stati sottoposti a ipnosi che prevedeva rilassamento, fissazione oculare e comandi ripetitivi. Durante l'ipnosi, sono stati dati loro due suggerimenti: che le verruche su un lato del corpo sarebbero scomparse e che avrebbero eseguito un'azione specifica al risveglio. Dei 21 pazienti, 15 hanno raggiunto una profondità ipnotica sufficiente e le loro verruche sono scomparse entro cinque settimane o tre mesi([16]) ·Questi risultati sorprendenti, confermati da molti altri studi([17,18,19]) ,evidenziano una connessione tra la profondità dell'ipnosi, il suggerimento post-ipnotico e la scomparsa delle verruche.

- In secondo luogo, a differenza della mente cosciente, la nostra mente inconscia è costantemente consapevole di ciò che ci circonda, anche quando siamo incoscienti. Nel libro di Brian Weiss "Many Lives, Many Masters" (Molte vite, molti maestri), una tecnica di laboratorio di 27 anni di nome Catherine si rivolse a Weiss per curare una grave forma di ansia e attacchi di panico. Weiss utilizzò la terapia regressiva e, sotto ipnosi, Catherine ricordò molte delle sue 86 vite precedenti. Durante una seduta terapeutica, Catherine è riuscita a ricordare i dettagli delle conversazioni dei medici sulla sua condizione alla gola durante un intervento chirurgico alle corde vocali. Sebbene fosse sotto anestesia e profondamente incosciente in quel momento, la sua mente aveva registrato la discussione dei chirurghi sul rischio di soffocamento dovuto all'inserimento e alla rimozione di un tubo. Questa consapevolezza del suo inconscio ha scatenato un'intensa paura di deglutire o soffocare quando si è svegliata. Durante la seduta di ipnosi, Catherine ha compreso questa connessione e, di conseguenza, ha superato la sua ansia e la sua paura([20]) ·Probabilmente la nostra mente inconscia raccoglie una grande quantità di informazioni mentre siamo in uno stato di incoscienza (come il sonno). L'unico ostacolo è accedere a queste informazioni con la nostra mente cosciente.

7.3 Il puzzle quantistico della mente

- Mentre i neuroscienziati e gli psicologi discutono ancora sulla realtà dell'unità mente-corpo, i fisici hanno abbracciato un concetto ancora più audace: l'universo stesso potrebbe essere una proiezione delle nostre menti. Nel 2005, per celebrare il centenario dell'"anno miracoloso" di Einstein, Nature, una prestigiosa rivista scientifica, ha pubblicato "The Mental Universe" (L'universo mentale), un breve saggio di Richard Henry, professore di fisica e astronomia alla Johns Hopkins University. Il saggio di Henry si apre con un'affermazione provocatoria: "L'unica realtà è la mente e le osservazioni, ma le osservazioni non riguardano le cose. Per vedere l'Universo così com'è realmente, dobbiamo abbandonare la nostra tendenza a concettualizzare le osservazioni come cose".([21]) Molti altri fisici, tra cui Amit Goswami, professore emerito di Scienze Teoriche all'Università dell'Oregon e autore di "Physics of the Soul" (La fisica dell'anima), condividono prospettive simili. Questa visione è intrigante, ma cosa porta i fisici a una conclusione così radicale sulla mente?

- Probabilmente è dovuto a uno strano fenomeno della meccanica quantistica chiamato "effetto osservatore", in cui l'atto dell'osservazione cambia la realtà. L'esempio classico è l'esperimento della doppia fenditura: quando non viene osservato, un singolo elettrone sembra passare attraverso entrambe le fenditure contemporaneamente (un bizzarro fenomeno quantistico noto come sovrapposizione), creando un modello di interferenza su uno schermo. Tuttavia, se gli scienziati cercano di osservare attraverso quale fenditura passa un elettrone, l'elettrone si comporta in modo diverso, agendo come una particella invece che come un'onda. Questo fa scomparire il modello di interferenza([22]) ·In altre parole, è come se gli elettroni sapessero di essere osservati e cambiassero il loro comportamento! Poiché non possiamo fare a meno di osservare il mondo così come lo percepiamo, gli scienziati si chiedono: il nostro universo osservabile è davvero reale? Esiste davvero una realtà oggettiva?

- Il gatto di Schrödinger può aiutarci a comprendere meglio questo concetto enigmatico. In questo esperimento mentale, il fisico austriaco Erwin Schrödinger ha proposto che il destino di un ipotetico gatto dipenda da un evento casuale con una probabilità del 50% di verificarsi, come il decadimento radioattivo. Finché qualcuno non apre la scatola per misurare (osservare) il decadimento, esso rimane in uno stato sovrapposto, cioè sia decaduto che non decaduto, con una probabilità del 50% per ciascuno. Di conseguenza, il gatto è, paradossalmente, contemporaneamente vivo e morto fino a quando la scatola non viene aperta e lo stato del gatto non viene misurato da un osservatore esterno. Questo può sembrare ridicolo, ma nella teoria quantistica è del tutto razionale. In altre parole, osserviamo costantemente l'universo e, ogni volta che lo facciamo, creiamo la nostra realtà con le nostre osservazioni e la nostra mente.

- Per risolvere il paradosso del gatto di Schrödinger, il fisico statunitense Hugh Everett III sviluppò alla fine degli anni '50 la teoria dei molti mondi (o universi paralleli). Questa teoria sostiene che ogni evento quantistico provochi una scissione nella realtà, creando universi paralleli che contengono ogni possibile risultato. Ciò implica che il gatto di Schrödinger potrebbe esistere in due universi paralleli: vivo in uno e morto nell'altro. Gli stati di vita e di morte del gatto sono decoerenti, il che significa che non interagiscono né comunicano tra loro. Una volta effettuata una misurazione (osservazione), l'osservatore e il gatto esistono solo in uno di questi mondi, non in entrambi. Quindi, se rimpiangi costantemente di aver fatto scelte sbagliate nella tua vita, consolati pensando che un'altra versione di te potrebbe godersi un lieto fine in un universo parallelo!

- A proposito, vale la pena notare che, nonostante sembri strana e controintuitiva, la fisica quantistica è ampiamente considerata come la teoria scientifica di maggior successo mai sviluppata. Spiega una vasta gamma di fenomeni naturali con straordinaria accuratezza, in particolare a livello atomico e subatomico. Inoltre, spiega fenomeni che vanno dal comportamento degli atomi alle proprietà dei semiconduttori e del Sole. Molte tecnologie moderne, come i laser e i transistor, si basano sui principi quantistici, e la fisica quantistica ha aperto la strada a innovazioni rivoluzionarie come i computer e le fotocamere digitali.

7.4 La mente e l'universo: non separati ma interconnessi

Cuori che battono all'unisono

- Come esseri umani, i nostri corpi possono sembrare separati, ma sono intimamente connessi. Nel villaggio spagnolo di San Pedro Manrique, ogni 23 giugno gli abitanti partecipano a un rituale di camminata sul fuoco, attraversando carboni ardenti in una celebrazione cerimoniale del solstizio d'estate. Per comprendere l'impatto fisiologico di tali rituali, i ricercatori hanno condotto uno studio incentrato sulla frequenza cardiaca. Il team ha monitorato 12 camminatori sul fuoco, 9 dei loro parenti e 17 spettatori in visita. È interessante notare che i ricercatori hanno scoperto che la frequenza cardiaca degli osservatori che erano parenti o amici intimi dei partecipanti alla camminata sul fuoco era sincronizzata con quella dei partecipanti. La frequenza cardiaca di questi parenti ha registrato picchi e cali quasi identici a quelli dei partecipanti alla camminata sul fuoco prima, durante e dopo ogni camminata, anche quando non partecipavano attivamente[(23)]. Questa sincronia è durata per l'intero rituale di 30 minuti, suggerendo una profonda connessione fisiologica legata a legami emotivi piuttosto che ad azioni fisiche condivise. Al contrario, gli spettatori in visita che non avevano alcun legame personale con i partecipanti alla camminata sul fuoco non hanno mostrato lo stesso andamento della frequenza cardiaca, sottolineando che le strette relazioni sociali sono probabilmente la chiave di questa risposta sincronizzata.

- Avete mai provato una profonda connessione con il vostro bambino mentre vi scambiavate un sorriso? Gli scienziati hanno scoperto il meccanismo alla base di questa esperienza commovente. Uno studio del 2011 rivela che i cuori delle madri e dei loro bambini di 3 mesi possono sincronizzarsi al millesimo di secondo, semplicemente condividendo sorrisi e interazioni gioiose. I ricercatori hanno osservato 40 coppie di madri e neonati durante le interazioni faccia a faccia, utilizzando elettrodi per monitorare i loro battiti cardiaci. Hanno scoperto che i cuori della madre e del bambino battevano in sincronia quasi perfetta durante i momenti di caloroso contatto visivo o di suoni gorgheggianti[(24)]. In particolare, questo effetto è stato osservato solo tra ciascuna madre e il proprio figlio. Questo "accoppiamento cardiaco" sembra attivare specifiche aree del cervello associate all'empatia e alla connessione sociale. Ricerche precedenti suggeriscono che i bambini che perdono questi momenti di legame, come quelli nati prematuramente o le cui madri soffrono di depressione post-partum, possono mostrare una ridotta empatia più avanti nella vita, durante l'adolescenza.

- Una connessione fisiologica simile è stata osservata nelle coppie. Nel 2013, uno studio dell'Università della California di Davis ha scoperto che i partner romantici possono sincronizzare la frequenza cardiaca e i modelli di respirazione, a sostegno dell'idea che i loro cuori "battono davvero all'unisono". I ricercatori, guidati dal professore di psicologia Emilio Ferrer, hanno monitorato 32 coppie eterosessuali sedute a pochi metri di distanza in silenzio, senza parlare né toccarsi. Lo studio ha rilevato che sia la frequenza cardiaca che gli intervalli respiratori erano strettamente allineati all'interno di ciascuna coppia. Tuttavia, questa sincronizzazione non si verificava quando gli individui erano accoppiati con persone che non erano i loro partner(25) ·Lo studio ha anche rivelato che le donne tendevano ad adeguare maggiormente le loro risposte fisiologiche a quelle dei loro partner, suggerendo un possibile livello più elevato di empatia o sintonia nelle donne.

- Negli scenari sopra descritti, le coppie non si toccavano. Ma cosa succedeva se si tenevano per mano? Uno studio successivo condotto dal ricercatore Pavel Goldstein della CU Boulder nel 2017 ha esplorato come il contatto fisico possa alleviare il dolore nelle coppie romantiche attraverso la sincronizzazione fisiologica. In uno studio su 22 coppie eterosessuali di lunga data, i ricercatori hanno misurato la frequenza cardiaca e respiratoria in tre scenari: seduti insieme senza toccarsi, seduti insieme tenendosi per mano e seduti separati mentre la donna provava un leggero dolore. Analogamente allo studio del 2013, gli scienziati hanno scoperto che le coppie sincronizzano naturalmente i loro ritmi fisiologici, ma il dolore interrompe questa sincronizzazione. Tuttavia, quando le coppie si tenevano per mano, la frequenza cardiaca e respiratoria si sincronizzava nuovamente e il dolore della donna diminuiva(26) ·L'effetto analgesico era più forte quando il partner maschile mostrava livelli più elevati di empatia, suggerendo che il contatto fisico può comunicare empatia e creare un effetto analgesico. I ricercatori ipotizzano che la sincronizzazione possa influenzare la corteccia cingolata anteriore del cervello, un'area associata sia all'empatia che alla percezione del dolore. Quindi, la prossima volta che vi troverete in sala parto, ricordate il potere di un tocco di sostegno: tenete la mano del vostro partner!

Calmare la mente, calmare la città

- Se l'universo osservabile è una proiezione della nostra mente, allora cambiare il nostro stato mentale potrebbe non solo cambiare il nostro corpo (attraverso la connessione mente-corpo), ma anche avere un impatto sull'universo, compreso il nostro ambiente di vita. Infatti, molti gruppi di ricerca hanno studiato come le pratiche di meditazione influenzano i tassi di criminalità sociale e hanno trovato un'interessante connessione tra i due. Di seguito sono riportati due studi degni di nota.

- In uno studio, i ricercatori hanno utilizzato l'analisi delle serie temporali per esaminare l'impatto della Meditazione Trascendentale (MT) sul tasso di criminalità nel Merseyside, nel Regno Unito. Il Merseyside è una contea metropolitana nel nord-ovest dell'Inghilterra che comprende la città di Liverpool (1,5 milioni di abitanti) e ha una storia di alti tassi di criminalità. Nel 1975, un'istruttrice di MT di Liverpool di nome Patricia Stone propose al sindaco un piano per ridurre la criminalità del 16% attraverso la Meditazione Trascendentale. Ricerche precedenti suggerivano che quando il numero di praticanti di meditazione in una comunità raggiungeva la radice quadrata dell'1% della popolazione, poteva verificarsi un cambiamento misurabile verso un maggiore ordine sociale (indicato da una riduzione della criminalità e). Nel caso del Merseyside, questa soglia era pari alla radice quadrata di circa 10.000, che equivale a 100 praticanti. Con il sostegno finanziario del sindaco, la signora Stone si propose di insegnare la MT all'1% della popolazione. Nel 1980, nella vicina Skelmersdale fu fondato il Maharishi European Sidhaland per promuovere uno stile di vita ideale attraverso la pratica quotidiana della MT-Sidhi. Nel 1991 questa comunità era cresciuta fino a contare 365 membri. Inoltre, nel marzo 1988 era stato inaugurato un centro di meditazione di gruppo chiamato Maharishi Golden Dome. Durante la cerimonia di inaugurazione, i leader della comunità avevano previsto in televisione che la pratica avrebbe portato a una riduzione della criminalità.

- I loro sforzi hanno dato i loro frutti? È interessante notare che l'analisi dei dati dal 1978 al 1991 ha mostrato che nel marzo 1988, quando il gruppo ha superato per la prima volta la soglia dei 100 membri, il tasso di criminalità nel Merseyside è diminuito in modo significativo, del 13,4%. Questa riduzione è continuata fino al 1992, anche se il tasso di criminalità nazionale è aumentato del 45%. In particolare, la classifica della criminalità del Merseyside è migliorata, passando dal terzo posto tra le principali aree metropolitane nel 1987 al primo posto nel 1992, con un tasso inferiore del 40% rispetto a quello previsto sulla base delle tendenze passate. Lo studio ha stimato che dal 1988 al 1992 nel Merseyside si sono verificati 255.000 reati in meno rispetto a quanto ci si sarebbe aspettato se avesse seguito le tendenze nazionali, con un potenziale risparmio di oltre 1,25 miliardi di sterline in perdite dovute alla criminalità([27]) ·Questa significativa riduzione del tasso di criminalità non può essere spiegata da altri fattori, come i cambiamenti demografici, i cambiamenti economici o le pratiche di polizia durante il periodo studiato.

- In un altro studio, i ricercatori hanno esaminato l'impatto di un grande gruppo che praticava la Meditazione Trascendentale e il programma TM-Sidhi sui crimini violenti a Washington, D.C. durante i mesi di giugno e luglio 1993. Washington, D.C. aveva subito un aumento del 77% dei crimini violenti tra il 1986 e il 1992, nonostante il budget annuale per la lotta alla criminalità fosse aumentato a quasi 1 miliardo di dollari. Inoltre, si prevedeva che i crimini violenti commessi dai minori sarebbero raddoppiati nel decennio successivo. Per esaminare l'impatto della MT sulla riduzione dello stress sociale e dei tassi di criminalità, circa 4.000 partecipanti si sono riuniti per aumentare la coerenza collettiva (armonia) praticando la MT. La ricerca, monitorata da una commissione di revisione indipendente composta da 27 membri, ha analizzato i dati settimanali sulla criminalità provenienti dai registri della polizia, tenendo conto di fattori quali le condizioni meteorologiche e le tendenze della criminalità. I risultati hanno mostrato che gli omicidi, gli stupri e le aggressioni (reati HRA) sono diminuiti in modo significativo, fino al 23,3%, durante il progetto. Questa riduzione non è stata osservata nello stesso periodo nei cinque anni precedenti. L'analisi ha confermato che la riduzione della criminalità non poteva essere spiegata con una maggiore presenza della polizia e che l'effetto è persistito anche dopo la fine del progetto([28]) ·I ricercatori hanno stimato che un gruppo permanente di 4.000 partecipanti potrebbe ridurre i crimini HRA del 48% nel lungo periodo.

- Questi due studi rappresentano solo una piccola parte degli oltre 600 studi di ricerca condotti negli ultimi cinquant'anni. Questi studi, condotti in oltre 200 università e istituti di ricerca in 30 paesi, hanno esaminato gli effetti della MT sul miglioramento del benessere individuale e sociale e hanno costantemente riscontrato risultati positivi simili[29] . In che modo la MT migliora la sicurezza delle città? Gli scienziati hanno scoperto che la Meditazione Trascendentale è collegata all'attività dell'elettroencefalogramma (EEG) alfa1 (8-10 Hz) dominante nella zona frontale, che riflette l'attività elettrica del cervello. Questa frequenza alfa1 nella corteccia frontale del cervello durante la pratica della MT è associata a uno stato di consapevolezza interiore e calma mentale. Gli scienziati ipotizzano che, quando praticano in gruppo, le attività cerebrali coerenti dei praticanti di meditazione assomiglino a quelle della luce laser, in cui i fotoni sono tutti in fase tra loro, hanno la stessa lunghezza d'onda e viaggiano nella stessa direzione. A causa di questa coerenza simile al laser, i ricercatori hanno utilizzato le leggi della fisica per calcolare il numero di praticanti necessari per ottenere un effetto nella riduzione del tasso di criminalità. È così che hanno derivato il modello della radice quadrata. In questo modello, si ritiene che il programma TM-Sidhi emetta un effetto coerente e ordinato, simile ai campi fisici, che promuove l'armonia in tutta la città.

La regola dello specchio

- Un esempio forse sorprendente di come la nostra mente possa influenzare il nostro ambiente di vita proviene dal libro *La regola dello specchio.* Basato su una storia vera e scritto da Yoshinori Noguchi, questo libro esplora l'idea che la nostra realtà esterna rifletta il nostro mondo interiore. La storia segue Eiko Akiyama, una casalinga di 41 anni alle prese con suo figlio Yuta, un bambino di quinta elementare emotivamente distante e turbato. Eiko è profondamente frustrata, soprattutto dal bullismo che suo figlio subisce a scuola. Nella sua disperazione, Eiko litiga persino con suo marito, sentendosi persa e sopraffatta. Si rivolge alla sua amica Yaguchi, esperta di psicologia, per un consiglio. Con sua grande sorpresa, Yaguchi suggerisce che il rapporto teso di Eiko con suo figlio potrebbe essere collegato a sentimenti irrisolti nei confronti di suo padre. La incoraggia a elencare sia le sue lamentele che le cose di cui è grata riguardo a suo padre e poi a esprimergli direttamente la sua gratitudine. Sebbene inizialmente scettica, Eiko segue il consiglio di Yaguchi. Scrive una lista degli aspetti positivi e negativi del suo rapporto con il padre. Così facendo, si rende conto che suo padre le voleva davvero bene, nonostante in passato lei si fosse concentrata sui suoi difetti. Prova rimorso e decide di affrontare il dolore e l'amarezza che ancora provava perdonandolo. In una conversazione telefonica emozionante, ringrazia suo padre, liberandosi da anni di incomprensioni e risentimento. Dopo questo atto di perdono, la vita di Eiko subisce una trasformazione sorprendente. Suo figlio, prima introverso, si apre con lei, condividendo la sua vita scolastica e raccontandole che il bullismo è cessato. Anche suo marito le esprime gratitudine e l'armonia viene ripristinata all'interno della sua famiglia. Il libro illustra come le circostanze esterne spesso rispecchino il nostro stato interiore. Nutrire risentimento può influire negativamente sulla nostra vita, portando a una realtà piena di lamentele e negatività. Per cambiare la nostra realtà, dobbiamo prima trasformare i nostri cuori.

Intrecciati e connessi: abbracciare l'unicità

- Come possiamo comprendere l'impatto della nostra mente sull'ambiente? I fisici quantistici potrebbero aver trovato una risposta: l'entanglement. L'entanglement quantistico è un fenomeno affascinante e controintuitivo che Einstein descrisse famigeratamente come "un'azione spettrale a distanza". Si riferisce a uno stato in cui due particelle diventano così interconnesse che un cambiamento in una influisce istantaneamente sull'altra, indipendentemente dalla distanza che le separa, anche se sono distanti miliardi di anni luce. Einstein era scettico sull'esistenza dell'entanglement perché nulla, comprese le informazioni, può viaggiare più veloce della luce. Tuttavia, gli scienziati hanno recentemente scoperto che l'entanglement non solo è reale, ma è anche probabilmente un meccanismo fondamentale del nostro universo.

- Un affascinante articolo pubblicato su *Nature* esplora come l'entanglement quantistico possa essere alla base dell'esistenza stessa del nostro universo. La relazione tra geometria e entanglement nella fisica quantistica offre un modo per comprendere come lo spazio stesso possa essere "intrecciato" da questo fenomeno. Immaginate un universo tridimensionale, che i fisici chiamano "bulk", racchiuso da un "confine" bidimensionale, molto simile alla pelle di un palloncino. L'idea è che l'attività all'interno del confine bidimensionale, dove esistono e interagiscono le particelle quantistiche, generi in qualche modo l'universo tridimensionale che sperimentiamo al suo interno. Utilizzando modelli matematici, i fisici hanno scoperto che, riducendo l'entanglement delle particelle sul confine, lo spazio tridimensionale all'interno iniziava ad allungarsi e a separarsi. Se rimuovevano tutto l'entanglement, lo spazio si frammentava in pezzi scollegati, come quando si tira un pezzo di gomma da masticare fino a spezzarlo([30]) ·Ciò suggerisce che l'entanglement, la profonda connessione tra le particelle anche quando sono molto distanti tra loro, non è solo uno strano effetto quantistico. È potenzialmente il "collante" che tiene insieme lo spazio-tempo, rendendolo fluido e continuo. Senza l'entanglement, lo spazio stesso potrebbe frammentarsi in pezzi isolati. Questa scoperta indica che l'entanglement è fondamentale per la struttura dell'universo. Potrebbe persino spiegare perché le nostre azioni e i nostri pensieri possono influenzare non solo i nostri corpi, ma anche l'ambiente in cui viviamo!

7.5 La mente sopra la materia: la scienza sul potere del pensiero

L'acqua percepisce i tuoi pensieri

- Nel 2004, il libro del dottor Masaru Emoto "I messaggi nascosti nell'acqua" è diventato un bestseller del New York Times. In questo libro, il dottor Emoto ha esposto l'acqua a vari stimoli emotivi, come parole, immagini o musica, e poi ha esaminato al microscopio i cristalli di ghiaccio risultanti. Ha scoperto che la struttura dei cristalli di ghiaccio era influenzata dalle parole e dai sentimenti rivolti all'acqua. L'acqua esposta a parole e intenzioni positive, come "grazie" e "ti amo", formava strutture cristalline belle, complesse e simmetriche. D'altra parte, l'acqua esposta a parole e intenzioni negative, come "ti odio" e "ti voglio uccidere", formava strutture disorganizzate e asimmetriche. Emoto ha anche osservato che fonti d'acqua diverse producevano strutture di ghiaccio diverse. Ad esempio, l'acqua di un torrente di montagna produceva disegni geometrici, mentre l'acqua proveniente da fonti inquinate produceva strutture di ghiaccio distorte. Sulla base di queste osservazioni, Emoto ha concluso che i nostri pensieri e le nostre parole possono avere un impatto significativo sull'acqua e sull'ambiente.

- Non sorprende che il libro abbia raccolto molti elogi, ma anche critiche significative da parte di molti scienziati per essere di parte e inconcludente. Per verificare se l'intenzione potesse influenzare la formazione dei cristalli d'acqua, l'Institute of Noetic Sciences (IONS) in California, USA, ha condotto un esperimento in doppio cieco. In questo tipo di esperimento, né la persona che prepara l'esperimento né quella che analizza i risultati sanno quali campioni sono quelli trattati e quali sono i controlli non trattati fino al completamento dell'esperimento. I ricercatori hanno acquistato quattro bottiglie di plastica d'acqua e ne hanno designate casualmente due come "trattate" e due come "di controllo". Le bottiglie trattate sono state collocate in una stanza schermata elettromagneticamente presso l'IONS in California, mentre le bottiglie di controllo sono state conservate separatamente. Durante una conferenza a Tokyo, il dottor Emoto ha guidato un gruppo di 2.000 persone in una preghiera di cinque minuti rivolta all'acqua trattata. Il giorno seguente, gli scienziati dell'IONS hanno spedito tutte le bottiglie al laboratorio del dottor Emoto a Tokyo, dove sono state analizzate 50 gocce d'acqua di ciascuna bottiglia per verificarne la formazione di cristalli. Gli scienziati hanno scoperto che l'acqua trattata produceva effettivamente un numero leggermente superiore di cristalli esteticamente gradevoli rispetto al gruppo di controllo, e i cristalli trattati sono stati giudicati significativamente più attraenti di quelli del gruppo di controllo(31) ·Gli scienziati hanno concluso che l'intenzione sembra avere un impatto misurabile sulla formazione dei cristalli d'acqua.

Influenzare gli eventi casuali con l'intenzione umana

- Gli esperimenti più rigorosi che hanno esplorato l'effetto della mente sulla realtà fisica sono stati probabilmente condotti dal programma PEAR (Princeton Engineering Anomalies Research). Fondato nel 1979 dal preside della facoltà di ingegneria Robert G. Jahn, il PEAR faceva parte della Scuola di Ingegneria e

Scienze Applicate dell'Università di Princeton. Il programma ha dedicato quasi trent'anni allo studio delle possibili interazioni tra la coscienza umana e dispositivi, sistemi e processi fisici. Fin dalla sua istituzione, il PEAR ha pubblicato oltre 50 articoli che discutono sia i risultati sperimentali sia le implicazioni filosofiche per la scienza, l'ingegneria e la cultura[32]. Il programma ha anche sviluppato modelli teorici per comprendere meglio il ruolo della coscienza nel plasmare la realtà fisica.

- Uno degli obiettivi principali del programma PEAR era quello di esaminare le interazioni uomo-macchina in un contesto ingegneristico. Utilizzando un generatore di eventi casuali microelettronico (REG) che produceva una sequenza alternata casuale di impulsi elettrici positivi e negativi, i ricercatori hanno esaminato se le intenzioni degli operatori umani potessero influenzare la distribuzione degli eventi positivi o negativi. Nel corso di 12 anni, lo studio ha coinvolto più di 100 operatori umani, oltre 1.000 serie sperimentali e più di 2 milioni di prove utilizzando quattro diversi tipi di dispositivi casuali. È interessante notare che i ricercatori hanno trovato correlazioni significative tra le intenzioni degli operatori e i risultati medi dei diversi dispositivi binari casuali, indicando una deviazione piccola (circa 10^{-4} bit per bit elaborato) ma significativa e consistente dal caso (con $p \approx 3{,}5 \times 10^{-13}$)[33].

- Gli esperimenti hanno anche evidenziato tre risultati principali. In primo luogo, i ricercatori hanno riscontrato notevoli differenze tra gli operatori maschi e quelli femmine. Sebbene alcune partecipanti femminili abbiano ottenuto i punteggi individuali più alti, la correlazione complessiva tra intenzione e risultato era più debole per le donne rispetto agli uomini. In secondo luogo, la distanza fisica tra la persona e la macchina non sembrava avere importanza. Che l'operatore fosse vicino alla macchina o a migliaia di chilometri di distanza, gli effetti erano simili. In terzo luogo, in una serie di esperimenti "fuori tempo", gli operatori si sono concentrati sul funzionamento della macchina in momenti diversi da quelli in cui i dati venivano effettivamente raccolti, a volte giorni prima o dopo. Sorprendentemente, i ricercatori hanno scoperto che i risultati di questi esperimenti "fuori tempo" erano molto simili a quelli raccolti in tempo reale, comprese le differenze di genere e alcuni cambiamenti nei dati[33]. L'unico caso in cui i ricercatori non sono riusciti a osservare un effetto delle intenzioni degli operatori è stato quando gli esperimenti sono stati condotti utilizzando dispositivi cablati o approcci algoritmici, metodi noti per produrre eventi pseudocasuali (apparentemente casuali ma in realtà predeterminati). Ciò suggerisce che per osservare gli effetti era necessaria una vera casualità.

7.6 La coscienza dopo la morte: scienza o fantasia?

Esperienza di pre-morte: la coscienza persiste oltre la morte?

- Il dottor Eben Alexander, un neurochirurgo altamente qualificato con incarichi presso prestigiose facoltà di medicina tra cui Harvard, Duke, l'Università del Massachusetts e l'Università della Virginia, non aveva precedenti inclinazioni religiose e credeva fermamente che la coscienza fosse esclusivamente un prodotto dell'attività cerebrale. Tuttavia, nel 2008, il dottor Alexander ha contratto la meningite batterica a causa di un'infezione da *E. coli*. L'infezione ha causato una grave infiammazione del cervello e del midollo spinale, portando a un arresto cerebrale e a condizioni potenzialmente letali. È stato posto in coma farmacologico per sette giorni e il suo punteggio sulla scala di Glasgow indicava una completa assenza di coscienza misurabile.

- Tuttavia, il dottor Alexander ha avuto una straordinaria ripresa dal coma. Ha affermato di aver sperimentato una coscienza al di fuori del suo corpo durante questo periodo, incontrando quello che ha descritto come un "essere angelico" e comunicando con una presenza divina. La sua esperienza è iniziata in un regno oscuro e "primitivo", che ha caratterizzato come avente un'intensità da "terra bruciata". Da lì, una luce bianca brillante e rotante lo sollevò in quello che lui chiamò il "Gateway Valley". Questo regno assomigliava a un paradiso terrestre, pieno di paesaggi lussureggianti, fiori vivaci e cascate. Incontrò esseri angelici, ascoltò canti e inni potenti e si sentì avvolto da un profondo senso di amore e tranquillità. Descriveva anche una connessione con una presenza divina superiore che chiamava "Il Nucleo", che percepiva come la fonte di tutta l'esistenza. Questo essere trasmetteva un senso di amore infinito e di guarigione. Il viaggio si concluse quando un ragazzo gli disse che doveva tornare alla sua vita terrena([34]) ·L'esperienza di pre-morte del dottor Alexander lo trasformò profondamente, portandolo a credere che la coscienza non sia solo un prodotto del cervello e, ma trascenda l'esistenza fisica. Ha documentato la sua esperienza nel libro *Proof of Heaven,* pubblicato nel 2012, che è diventato un bestseller del New York Times.

- La storia del dottor Alexander ha scatenato un intenso dibattito. Mentre è stata ben accolta da persone che hanno avuto esperienze simili di pre-morte, scienziati e colleghi sono rimasti molto scettici. I critici sostengono che il suo cervello non fosse completamente inattivo e che la sua esperienza fosse semplicemente il prodotto dell'attività irregolare del suo cervello infetto. Tuttavia, la ricerca del dottor Sam Parnia ha indicato che almeno alcuni aspetti dell'esperienza di pre-morte sono difficili da spiegare se l'attività cerebrale è necessaria per l'esperienza cosciente.

- Il dottor Sam Parnia, medico di terapia intensiva e ricercatore presso la Langone School of Medicine dell'Università di New York, è specializzato in scienze della rianimazione. Insieme ai suoi colleghi ha studiato cosa succede alla coscienza durante e dopo la morte clinica, concentrandosi in particolare sui pazienti che subiscono un arresto cardiaco. Condotto in 15 centri medici negli Stati Uniti e in Europa, lo studio ha coinvolto oltre 2.000 pazienti. È interessante notare che il team di Parnia ha scoperto che fino al 40% delle persone rianimate ha riferito un certo livello di consapevolezza durante l'arresto cardiaco, un periodo in cui il cuore si ferma, la respirazione cessa e il cervello si spegne, segnalando la morte clinica. Alcuni hanno riferito esperienze profonde che hanno cambiato la loro vita. In particolare, il 2% ha dimostrato piena consapevolezza e ha potuto descrivere con precisione gli eventi che si sono verificati intorno a loro durante l'arresto cardiaco([35]) ·Questi risultati suggeriscono che la coscienza può persistere anche dopo la morte clinica. Le implicazioni sono significative, mettono in discussione le attuali concezioni sulla morte e sulla natura della coscienza e suggeriscono che essa potrebbe non essere legata esclusivamente all'attività cerebrale.

Reincarnazione: viviamo più di una volta?

- Un'altra linea di prove a sostegno della coscienza dopo la morte potrebbe provenire dalla ricerca sulla reincarnazione. Il dottor Brian Weiss, autore del libro "Molte vite, molti maestri", ha descritto come la sua paziente "Catherine" sia stata in grado di ricordare le sue 86 vite precedenti durante la terapia ipnotica; alcuni dettagli (come le date e le specificità di alcuni eventi storici) sono stati verificati. Tuttavia, i critici sostengono che i ricordi delle vite passate potrebbero essere storie inventate che per caso corrispondono a eventi reali. Infatti, i ricercatori hanno persino condotto degli esperimenti e hanno scoperto che quando ai bambini veniva chiesto di inventare storie sulle loro vite passate, alcuni dettagli coincidevano casualmente con eventi del mondo reale. Quindi, questo confuta la ricerca sulla reincarnazione?

- Le scoperte del dottor Ian Stevenson possono offrire spunti di riflessione su questa domanda. Ex professore di psichiatria all'Università della Virginia, il dottor Stevenson ha documentato oltre 3.000 casi di bambini che hanno riferito ricordi di vite passate. Oltre a verificare i dettagli di questi eventi della vita passata attraverso interviste di persona con le persone coinvolte, il dottor Stevenson si è concentrato su una caratteristica specifica di questi bambini: voglie e difetti congeniti. Ad esempio, un caso riguardava un ragazzo indiano nato con una mano destra deformata, che sosteneva che nella sua vita precedente aveva subito un'amputazione dopo essersi ferito alla mano destra in un incidente con una macchina da taglio . Un altro caso riguardava un uomo indiano che ricordava di essere morto per una ferita da arma da fuoco al petto in una vita passata; aveva delle dolorose voglie sul petto che assomigliavano a ferite da arma da fuoco. Queste dichiarazioni sono state confermate in modo indipendente dalle cartelle cliniche e dalla testimonianza del medico curante, suggerendo un potenziale legame tra voglie/difetti congeniti e traumi della vita passata([36]) .

- Sebbene convincenti, una delle principali critiche mosse al dottor Stevenson era che i suoi casi provenivano principalmente da paesi come l'India e lo Sri Lanka, dove la credenza nell'aldilà è molto diffusa. Ciò ha sollevato preoccupazioni circa un potenziale pregiudizio e la possibilità di storie inventate. In risposta a questa critica, il dottor Stevenson ha ampliato la sua ricerca per includere i paesi occidentali, compresi gli Stati Uniti. Il suo allievo, il dottor Jim Tucker, ha continuato questo lavoro dopo la scomparsa del dottor Stevenson nel 2007. Nel suo libro "Life Before Life" (La vita prima della vita), il dottor Tucker ha presentato un caso convincente proveniente dagli Stati Uniti.

- John McConnell, nonno di un ragazzo di nome William, fu ucciso durante una rapina in un negozio di elettronica nel 1992 a New York City. Mentre cercava di intervenire, John fu colpito sei volte da un rapinatore nascosto dietro il bancone. Nonostante le ferite, John ha lottato prima di soccombere. William, nato cinque anni dopo, soffriva di atresia della valvola polmonare, un difetto cardiaco che limitava il flusso sanguigno ai polmoni. Aveva anche un ventricolo destro sottosviluppato. Questi difetti congeniti assomigliavano in modo sorprendente alle ferite riportate dal nonno. Inoltre, William mostrava ricordi dettagliati della vita di suo nonno, ricordando il soprannome che John aveva dato a un gatto, "Boss", e eventi specifici che solo John avrebbe potuto conoscere. William parlava anche della morte e della rinascita, correggendo persino sua madre sulle date della morte di John e della sua nascita. La sua personalità e le sue abitudini rispecchiavano quelle di suo nonno, suggerendo un profondo legame tra loro([37]) .

La mente immortale: una teoria

- Se tutti questi casi sono autentici, come potrebbe la coscienza persistere dopo la morte del cervello? Il dottor Tucker propone che la meccanica quantistica potrebbe offrire una spiegazione teorica. Secondo la teoria quantistica, la materia esiste solo quando viene osservata. Se la coscienza è ciò che dà origine al mondo materiale, potrebbe non dipendere dalla materia, compreso il cervello. Se così fosse, la coscienza potrebbe potenzialmente trasferirsi in un nuovo cervello e continuare in un'altra vita dopo la morte del corpo attuale. Questo concetto è in linea con le opinioni di fisici come Max Planck, che credevano che il mondo materiale fosse il prodotto dell'osservazione cosciente.

- Inoltre, lo psichiatra e psicoterapeuta svizzero Carl Jung, traendo ispirazione dall'antico testo "Il Bardo Thodol" (noto anche come "Il Libro tibetano dei morti"), ha proposto che la psiche umana contenga un "inconscio collettivo", un serbatoio condiviso di simboli archetipici ed esperienze ereditate dai nostri antenati. Mentre la coscienza potrebbe cessare con la morte del cervello fisico, l'inconscio collettivo dell' , secondo questa visione, potrebbe persistere oltre i limiti dello spazio e del tempo, trasportando informazioni dalle vite passate che potrebbero essere trasferite a nuovi individui([38]. Se ciò fosse vero, i pensieri e i comportamenti della vita attuale potrebbero influenzare i pensieri e i comportamenti delle vite successive.

- Sebbene molti scienziati trovino gli studi sulla coscienza e sulle vite passate controintuitivi e difficili da accettare, la ricerca su questi misteri continua ad avanzare. In passato, gli scienziati spesso evitavano tali argomenti, temendo potenziali danni alla loro reputazione e alla loro carriera. Fortunatamente, oggi gli scienziati sono sempre più aperti all'esplorazione di questi ambiti e ora, più che mai, è essenziale un approccio globale alla ricerca che integri neuroscienze, psicologia e fisica quantistica. La crescente attenzione alla mente e alla ricerca sulle vite passate promette di svelare le risposte ad alcune delle domande più profonde sull'universo e sulla nostra esistenza al suo interno.

Note

1. Kam-Hansen, S., Jakubowski, M., Kelley, J. M., Kirsch, I., Hoaglin, D. C., Kaptchuk, T. J., & Burstein, R. (2014). L'alterazione dell'etichettatura dei farmaci e dei placebo modifica l'esito degli attacchi episodici di emicrania. *Science Translational Medicine*, *6*(218). https://doi.org/10.1126/scitranslmed.3006175

2. Tinnermann, A., Geuter, S., Sprenger, C., Finsterbusch, J., & Büchel, C. (2017). Le interazioni tra cervello e midollo spinale mediano gli effetti di valore nell'iperalgesia nocebo. *Science, 358*(6359), 105–108. https://doi.org/10.1126/science.aan1221

3. Langer, E. J. (2009). *Controcorrente: salute consapevole e potere delle possibilità.* http://ci.nii.ac.jp/ncid/BB12235341

4. Park, C., Pagnini, F., Reece, A., Phillips, D., & Langer, E. (2016). Il livello di zucchero nel sangue segue il tempo percepito piuttosto che quello effettivo nelle persone con diabete di tipo 2. *Atti dell'Accademia Nazionale delle Scienze, 113*(29), 8168–8170. https://doi.org/10.1073/pnas.1603444113

5. Aungle, P., & Langer, E. (2023). La guarigione fisica come funzione del tempo percepito. *Relazioni scientifiche, 13*(1). https://doi.org/10.1038/s41598-023-50009-3

6. Crum, A. J., & Langer, E. J. (2007). L'importanza della mentalità. *Psychological Science, 18*(2), 165–171. https://doi.org/10.1111/j.1467-9280.2007.01867.x

7. Zahrt, O. H., Evans, K., Murnane, E., Santoro, E., Baiocchi, M., Landay, J., Delp, S., & Crum, A. (2022). Effetti dei dispositivi indossabili per il monitoraggio dell'attività fisica e dell'atteggiamento mentale nei confronti dell'adeguatezza dell'attività fisica sull'affettività, il comportamento e la salute: studio longitudinale randomizzato controllato. *Journal of Medical Internet Research, 25,* e40529. https://doi.org/10.2196/40529

8. Ranganathan, V. K., Siemionow, V., Liu, J. Z., Sahgal, V., & Yue, G. H. (2004). Dal potere mentale al potere muscolare: acquisire forza usando la mente. *Neuropsychologia, 42(7*), 944–956. https://doi.org/10.1016/j.neuropsychologia.2003.11.018

9. Mendoza, D., & Wichman, H. (1978). Freccette "interiori": effetti della pratica mentale sulle prestazioni nel lancio delle freccette. *Perceptual and Motor Skills, 47*(3_suppl), 1195–1199. https://doi.org/10.2466/pms.1978.47.3f.1195

10. Driskell, J. E., Copper, C., & Moran, A. (1994). La pratica mentale migliora le prestazioni? *Journal of Applied Psychology, 79*(4), 481–492. https://doi.org/10.1037/0021-9010.79.4.481

11. Toth, A. J., McNeill, E., Hayes, K., Moran, A. P., & Campbell, M. (2020). La pratica mentale migliora ancora le prestazioni? Un follow-up di 24 anni e una replica e estensione meta-analitica. *Psicologia dello sport e dell'esercizio fisico, 48*, 101672. https://doi.org/10.1016/j.psychsport.2020.101672

12. *Libri che amiamo: La meditazione mi ha salvato la vita | Meditation Wise*. (n.d.). https://www.meditationwise.com/books-we-love-meditation-saved-my-life

13. McGreevey, S. (12 settembre 2019). Otto settimane per un cervello migliore. *Harvard Gazette.* https://news.harvard.edu/gazette/story/2011/01/eight-weeks-to-a-better-brain/

14. Soon, C. S., Brass, M., Heinze, H., & Haynes, J. (2008). Determinanti inconsci delle decisioni libere nel cervello umano. *Nature Neuroscience, 11*(5), 543–545. https://doi.org/10.1038/nn.2112

15. Creswell, J. D., Bursley, J. K., & Satpute, A. B. (2013). La riattivazione neurale collega il pensiero inconscio alle prestazioni decisionali. *Neuroscienze cognitive e affettive sociali*, *8*(8), 863–869. https://doi.org/10.1093/scan/nst004

16. Sinclair-Gieben, A., & Chalmers, D. (1959). VALUTAZIONE DEL TRATTAMENTO DELLE VERRUCHE MEDIANTE L'IPNOSI. *The Lancet*, *274*(7101), 480–482. https://doi.org/10.1016/s0140-6736(59)90605-1

17. Surman, O. S. (1973). L'ipnosi nel trattamento delle verruche. *Archives of General Psychiatry*, *28*(3), 439. https://doi.org/10.1001/archpsyc.1973.01750330111018

18. Shenefelt, P. D. (2000). L'ipnosi in dermatologia. *Archives of Dermatology, 136*(3). https://doi.org/10.1001/archderm.136.3.393

19. Ewin, D. M. (1992). Ipnoterapia per le verruche (Verruca Vulgaris): 41 casi consecutivi con 33 cure. *American Journal of Clinical Hypnosis, 35*(1), 1–10. https://doi.org/10.1080/00029157.1992.10402977

20. Weiss, B. (1988). *Molte vite, molti maestri: La vera storia di un eminente psichiatra, del suo giovane paziente e della terapia delle vite passate che ha cambiato la vita di entrambi*. Touchstone USA.

21. Henry, R. C. (2005). L'universo mentale. *Nature*, *436*(7047), 29. https://doi.org/10.1038/436029a

22. Merali, Z. (2015). Fisica quantistica: cosa è realmente reale? *Nature*, *521*(7552), 278–280. https://doi.org/10.1038/521278a

23. Konvalinka, I., Xygalatas, D., Bulbulia, J., Schjødt, U., Jegindø, E., Wallot, S., Van Orden, G., & Roepstorff, A. (2011). Eccitazione sincronizzata tra artisti e spettatori coinvolti in un rituale di camminata sul fuoco. *Atti dell'Accademia Nazionale delle Scienze, 108(*20), 8514–8519. https://doi.org/10.1073/pnas.101 6955108

24. Feldman, R., Magori-Cohen, R., Galili, G., Singer, M., & Louzoun, Y. (2011). Madre e bambino coordinano i ritmi cardiaci attraverso episodi di sincronia interattiva. *Comportamento e sviluppo infantile*, *34*(4), 569–577. https://doi.org/10.1016/j.infbeh.2011.06.008

25. *I cuori degli innamorati battono all'unisono, secondo uno studio dell'Università della California, Davis*. (24 gennaio 2016). Università della California, Davis. https://www.ucdavis.edu/news/lovers-hearts-beat-sync-uc-davis-study-says

26. Università del Colorado a Boulder. (21 giugno 2017). Quando gli innamorati si toccano, il loro respiro e il loro battito cardiaco si sincronizzano e il dolore diminuisce, secondo uno studio. *ScienceDaily*. www.sciencedaily.com/releases/2 017/06/170621125313.htm

27. Hatchard, G. D., Deans, A. J., Cavanaugh, K. L., & Orme-Johnson, D. W. (1996). L'effetto maharishi: un modello per il miglioramento sociale. Analisi delle serie temporali di una transizione di fase verso la riduzione della criminalità nell'area metropolitana di Merseyside. *Psychology Crime and Law*, *2*(3), 165–174. https://doi.org/10.1080/10683169608409775

28. Hagelin, J.S., Rainforth, M.V., Cavanaugh, K.L.C. et al. (1999). Effetti della pratica di gruppo del programma di meditazione trascendentale sulla prevenzione dei crimini violenti a Washington, D.C.: risultati del progetto dimostrativo nazionale, giugno-luglio 1993. *Ricerca sugli indicatori sociali 47,* 153–201. https://doi.org /10.1023/A:1006978911496

29. Orme-Johnson, D. W., Cavanaugh, K. L., Dillbeck, M. C., & Goodman, R. S. (2022). Effetti sul campo della coscienza: uno studio diciassettennale sugli effetti della pratica di gruppo dei programmi di Meditazione Trascendentale e TM-Sidhi sulla riduzione dello stress nazionale negli Stati Uniti. *World Journal of Social*

*Science, 9(*2), 1. https://doi.org/10.5430/wjss.v9n2p1

30. Cowen, R. (2015). La fonte quantistica dello spazio-tempo. *Nature, 527*(7578), 290–293. https://doi.org/10.1038/527290a

31. *Science of Water – Office Masaru Emoto*. (n.d.). https://masaru-emoto.net/en/science-of-messages-from-water/

32. *Princeton Engineering Anomalies Research*. (n.d.). https://pearlab.icrl.org/index.html

33. Jahn, R. G., Jr., Dunne, B. J., Nelson, R. D., Dobyns, Y. H., Bradish, G. J., Princeton Engineering Anomalies Research (PEAR) e Scuola di Ingegneria e Scienze Applicate, Università di Princeton. (1997). Correlazioni tra sequenze binarie casuali e intenzioni prestabilite dell'operatore: una rassegna di un programma durato 12 anni. *Journal of Scientific Exploration, 11–11(*3), 345–367. https://pearlab.icrl.org/pdfs/1997-correlations-random-binary-sequences-12-year-review.pdf

34. *Non nuocere | Rivista | The Harvard Crimson*. (n.d.). https://www.thecrimson.com/article/2020/2/20/eben-alexander-profile/

35. CBS News. (20 ottobre 2017). *I ricercatori affermano che esistono prove che la coscienza continua dopo la morte clinica* [Video]. YouTube. https://www.youtube.com/watch?v=WnoIf2NwaRY

36. Stevenson, I. (1997). *Reincarnazione e biologia: un contributo all'eziologia delle voglie e dei difetti congeniti*. Praeger

37. Tucker, J. B. (2005). *La vita prima della vita: un'indagine scientifica sui ricordi dei bambini delle loro vite precedenti.* St Martin's Press.

38. SAP (Società di Psicologia Analitica). (30 novembre 2023). Carl Jung | Biografia, archetipi e credenze | SAP. *Società di Psicologia Analitica*. https://www.thesap.org.uk/articles-on-jungian-psychology-2/carl-gustav-jung/

Chapter 8

Conclusioni

Questo segna la fine del libro. In queste pagine abbiamo esplorato le meraviglie e i misteri della natura, dell'universo, del cervello e della mente. Ogni scoperta è supportata da prove scientifiche, e spero che abbiate apprezzato il viaggio e che vi siate stupiti quanto me.

Da bambino ero affascinato dai misteri della natura e della mente umana. Non potevo fare a meno di chiedermi "perché": perché le stelle brillano nel cielo notturno? Perché il sole sorge a est? Perché sono *io* e non qualcun altro? Per anni ho cercato di rispondere a queste domande, studiando le malattie neurali e la rigenerazione neuronale in un istituto di fama mondiale a Boston sotto la guida di un premio Nobel. Speravo che un giorno avrei potuto dirigere un mio laboratorio di ricerca, alla ricerca delle risposte a questi profondi misteri. Tuttavia, ho scoperto che la scienza tradizionale, specialmente nel campo delle bioscienze, spesso ignora il ruolo della mente umana nel plasmare la realtà fisica. In un'epoca in cui il successo professionale dipende dal numero di pubblicazioni e dai fattori di impatto, le vere domande, quelle a cui vale la pena dedicare una vita, vengono spesso ignorate o dimenticate. Trovare un lavoro, ottenere borse di studio e attrarre studenti di talento è diventato più una questione di metriche che di curiosità. Ecco perché ho deciso di scrivere questo libro. Non perché abbiamo già tutte le risposte, ma perché è ora di concentrarsi nuovamente sulle domande fondamentali: *chi siamo? Cos'è la mente?* Questi sono i misteri che meritano la nostra attenzione, e spero che questo libro ispiri una rinnovata curiosità e un'apertura verso l'esplorazione dell'ignoto.

All'inizio non credevo nella spiritualità. Come neuroscienziato ben preparato, un tempo credevo fermamente che la coscienza fosse solo un sottoprodotto del cervello materiale e che tutti i segreti della vita fossero codificati nei nostri geni. Pensavo che comprendere la funzione di ciascun gene e il modo in cui interagiscono sarebbe stato sufficiente per svelare i misteri della vita, compreso il funzionamento della mente. Ma un incidente ha cambiato la mia prospettiva.

Nel 2011 a mia madre è stata diagnosticata l'artrite reumatoide (RA), una malattia autoimmune in cui il sistema immunitario del corpo diventa iperattivo e inizia ad attaccare i propri tessuti, in particolare le articolazioni. La RA è incredibilmente dolorosa. A un certo punto, le articolazioni delle sue dita si sono gonfiate così tanto che non riusciva più a svolgere le attività quotidiane come pulire e cucinare. Per diversi mesi, una vicina ha dovuto venire ad aiutarla. Tuttavia, quando sono andato a trovarla sei mesi dopo, sembrava completamente guarita e le articolazioni delle sue dita non sembravano diverse dalle mie. Rimasi scioccata perché sapevo che non esiste una cura per l'AR: il trattamento più conosciuto consiste nel sopprimere il sistema immunitario iperattivo e ridurre l'infiammazione con immunosoppressori. Incuriosita, le chiesi quale medicina "magica" avesse preso. Con mia grande sorpresa, mi rispose semplicemente: "La meditazione". Poi mi guardò e disse: "Se vuoi migliorare la vita delle persone, devi imparare di più sulla mente".

Quel momento fu un punto di svolta nella mia vita. Mia madre è buddista e ricordo che quando ero molto piccola pregava Buddha ogni volta che affrontavamo delle difficoltà. Dopo il divorzio da mio padre, ha lavorato instancabilmente per guadagnare abbastanza soldi per crescere me e mio fratello gemello. Con uno stipendio mensile inferiore a 100 dollari quando ero bambino, abbiamo spesso affrontato crisi finanziarie. Ma siamo riusciti a superare i momenti difficili, forse grazie alle sue incessanti preghiere. A differenza di mia madre, all'epoca non avevo un particolare attaccamento a nessuna religione specifica. Non ero nemmeno contrario; vedevo la religione come un modo per trovare conforto nei momenti difficili della vita. Ma dopo aver assistito alla sua magica guarigione dall'artrite reumatoide, mi sono ritrovato, per la prima volta, sinceramente curioso del potere della mente umana. L'effetto era reale? Quanto poteva influenzare il nostro corpo la nostra mente? Qual era il meccanismo alla base di tutto questo? Se la meditazione poteva curare una malattia "incurabile" come l'AR, quali altre condizioni poteva trattare il potere della mente? Senza esitare, ho intrapreso un lungo percorso di ricerca e lettura. Questo libro è il risultato di anni di esplorazione e studio e, a mio avviso, è stato molto più appagante che completare la mia tesi di dottorato.

Il viaggio è stato gratificante ma anche pieno di sfide. Le difficoltà non provenivano dall'apprendimento in sé, ma piuttosto da alcuni amici e colleghi che ritengono che io abbia intrapreso un percorso scientifico errato, etichettando i risultati della ricerca che ho condiviso come pseudoscienza. Tuttavia, quando abbiamo approfondito i dettagli degli esperimenti, spesso hanno visto le loro critiche perdere terreno e hanno dovuto riconoscere che stava accadendo qualcosa di intrigante. Come scienziati con una formazione convenzionale, siamo costantemente sotto pressione per garantire finanziamenti e pubblicare articoli di ricerca, il che ci rende abituati a rimanere nella nostra zona di comfort e a concentrarci su una singola questione ristretta alla volta. Il mio mentore mi ha sempre detto di essere "specifico" nelle mie domande di ricerca. Sebbene questo approccio abbia indubbiamente contribuito allo sviluppo della medicina moderna e all'attuale corpus di conoscenze, è improbabile che sia efficace nella cura di malattie complesse. Questo perché, a parte alcuni casi in cui una malattia è causata da una singola mutazione genetica, lo sviluppo e la progressione di malattie complesse (come l'Alzheimer) coinvolgono centinaia, se non migliaia, di geni. Quando continuiamo a cercare i singoli geni responsabili dell'intero spettro dei sintomi della malattia - un approccio riduzionista - perdiamo di vista il quadro generale. I numerosi fallimenti nello sviluppo di farmaci per l'Alzheimer, con solo due su 100 (2%) studi clinici di fase II e III dal 2003 che hanno mostrato un miglioramento, evidenziano la necessità di riflettere sulla nostra metodologia([1]·Trovare l'"interruttore" che governa il comportamento di tutti questi geni è fondamentale, e credo che la chiave possa risiedere nella nostra mente. La guarigione di mia madre dall'artrite reumatoide e la miracolosa guarigione della gamba di Phakyab Rinpoche, che ha evitato l'amputazione, sono esempi convincenti di questa possibilità.

Allo stesso tempo, il sostegno di alcuni miei colleghi giovani scienziati è stato incoraggiante. Sono sinceramente ispirati dalla ricerca sul cervello e sulla mente e credono che la terapia basata sulla mente sarà una parte fondamentale della medicina del futuro. Questi giovani scienziati condividono alcune qualità: sono appassionati dell'ignoto, hanno una mentalità aperta, possiedono interessi vasti e sono profondamente interessati alle domande fondamentali sulla natura e sull'universo. Rappresentano la speranza per il nostro futuro. Combinando il rigore della scienza tradizionale con un approccio aperto ai fenomeni insoliti, abbiamo una reale opportunità di approfondire la nostra comprensione e sviluppare una visione profonda e il rispetto per l'universo in cui viviamo.

Infatti, sempre più medici riconoscono l'importanza della mente nel trattamento delle malattie e nella guarigione. La meditazione consapevole è diventata una terapia standard in importanti ospedali come il Massachusetts General Hospital, lo Stanford Health Care e il NewYork-Presbyterian. Anche aziende leader come Google e Meta dedicano risorse per incoraggiare la pratica della meditazione tra i propri dipendenti. Tuttavia, non possiamo fermarci qui, accontentandoci dell'idea che la meditazione ci renda semplicemente più felici. Dobbiamo approfondire la comprensione dell'intima connessione tra mente, corpo e universo. In una società sempre più materialista, con il mondo che deve affrontare livelli crescenti di criminalità, guerre, carestie e disastri naturali, dobbiamo chiederci cosa possiamo fare per affrontare questi problemi. Quale eredità lasceremo alla prossima generazione? La risposta, ancora una volta, potrebbe risiedere nel potere della mente umana.

Infine, non dobbiamo dimenticare l'antica saggezza dei nostri antenati. Che provenga dall'Oriente o dall'Occidente, questa saggezza ha resistito alla prova del tempo, risplendendo attraverso migliaia di anni di storia umana. Ricordo che quando ho iniziato a praticare la meditazione, il mio maestro mi disse: "Devi aprire il tuo cuore e prenderti cura degli altri esseri senzienti più che di te stesso. L'attaccamento a sé stessi è la radice di ogni sofferenza, mentre aiutare gli altri è la fonte di ogni felicità". Quando gli chiesi perché, mi spiegò: "Perché tutto è una proiezione della tua mente e tutto ciò che ti circonda è interconnesso. Amare e aiutare gli altri è, in sostanza, amare e aiutare te stesso". All'inizio ho faticato a capire le sue parole. Ma ora, dopo anni di studio, vedo che gli scienziati stanno lentamente giungendo a conclusioni simili. È una coincidenza? Forse sì, forse no. A prima vista, la scienza e la religione possono sembrare molto diverse, persino contraddittorie, ma in definitiva sono percorsi diversi che conducono alla stessa verità. Ci possono essere innumerevoli modi per cercare la comprensione, ma la verità sottostante rimane costante. Come disse una volta Max Planck: "Tutta la materia ha origine ed esiste solo in virtù di una forza che porta la particella di un atomo a vibrare e tiene insieme questo minuscolo sistema solare dell'atomo. Dobbiamo supporre che dietro questa forza esista una mente cosciente e intelligente. Questa mente è la matrice di tutta la materia".

Purifichiamo le nostre menti e facciamo accadere tutte le cose belle.

P.S. Di seguito ho incluso alcuni potenti mantra che mi ha insegnato il mio maestro. Questi mantra possono aiutare a calmare la mente, dissipare la negatività, migliorare la salute e persino attirare la prosperità. Dovrebbero essere usati con buone intenzioni, per permetterci di aiutare meglio gli altri, in modo da massimizzarne il potere. Il mio maestro mi ha insegnato che pregare con un obiettivo ristretto è accettabile, anche se nella maggior parte dei casi è improbabile ottenere più di quanto il karma della tua vita passata ti consenta. Spero che questi insegnamenti ti siano utili quanto lo sono stati per me.

Mani Mantra: *Om Mani Padme Hung*

Questo mantra serve a superare ostacoli, sfortuna, malattie e disastri. In definitiva, guida verso la liberazione dalla sofferenza e il raggiungimento dell'illuminazione.

Mantra di Tara: *Om Tare Tuttare Ture Soha*

Questo mantra serve a rimuovere gli ostacoli, favorire lo sviluppo della carriera e migliorare i rapporti con la famiglia, i colleghi e gli amici. Come il Mani Mantra, anche questo porta alla liberazione dalla sofferenza e all'illuminazione.

Mantra Manjushri: *Om Ah Ra Pa Tsa Na Dhi*

Questo mantra serve per accrescere la conoscenza, padroneggiare i livelli più elevati degli insegnamenti, migliorare l'espressività e la memoria e raggiungere la saggezza suprema.

Possano tutti gli esseri trarne beneficio.

Nota

1. Kim, C. K., Lee, Y. R., Ong, L., Gold, M., Kalali, A., & Sarkar, J. (2022). Morbo di Alzheimer: approfondimenti chiave da due decenni di fallimenti nelle sperimentazioni cliniche. *Journal of Alzheimer's Disease, 87*(1), 83–100. https://doi.org/10.3233/jad-215699

Chapter 9

Rimani connesso

Il tuo feedback è importante!

Se ti è piaciuto questo libro, ti sarei incredibilmente grato se potessi dedicare un momento per lasciare una recensione positiva. Le tue opinioni mi ispirano e aiutano altri a scoprire questo lavoro. Scansiona il codice QR o usa il link per condividere la tua esperienza. Grazie per il tuo sostegno, significa molto per me!

Scansiona o clicca per lasciare una recensione

Made in the USA
Monee, IL
09 November 2026

68084777R10089